上海市老年教育普及教材

上海市学习型社会建设与终身教育促进委员会办公室

老年人学APP软件应用
(四)

Laonianren Xue APP Ruanjian Yingyong

上海市老年教育普及教材编写委员会

顾　问：倪闽景

主　任：李骏修

副主任：李学红　毕　虎

委　员：熊仿杰　殷　瑛　郁增荣　韩崇虎

沈　韬　刘　政　蔡　瑾

本书主编

石知君

丛书策划

刘煜海　朱岳桢

前言

“上海市老年教育普及教材”是在上海市学习型社会建设与终身教育促进委员会办公室、上海市老年教育工作小组办公室和上海市教委终身教育处的指导下，由上海市老年教育教材研发中心会同有关老年教育单位和专家共同研发的系列丛书。该系列丛书是一批具有规范性和示范性、体现上海水平的老年普及读本（教材），是一批可供老年学校选用的教学资源，是一批满足老年人不同层次需求的、适合老年人学习的、为老年人服务的快乐学习读本。

“上海市老年教育普及教材”的定位主要是面向街（镇）及以下老年学校，适当兼顾市、区老年大学的教学需求，力求普及与提高相结合，以普及为主；通用性与专门化相兼顾，以通用性为主。该系列丛书主要用于改善街镇、居村委老年学校缺少适宜教材的实际状况。

“上海市老年教育普及教材”在内容和体例上尽量根据老年人学习的特点进行编排，在知识内容融炼的前提下，强调基础、实用、前沿；语言简明扼要、通俗易懂，使老年学员看得懂、学得会、用得上。该系列丛书分为三个大类，做身心健康的老年人、做幸福和谐的老年人、做时尚能干的老年人。每个大类包含若干系列，如“老年常见病100问系列”“健康在身边系列”“传统经典与时代文明系列”“孙辈亲子系列”“老年人心灵手巧系列”“老年人玩转信息技术系列”等。

“上海市老年教育普及教材”在表现形式上,充分利用现代信息技术和多媒体教学手段，倡导多元化教与学的方式，在实践和探索过程中逐步形成了“四位一体，三通直学”的资源体系，即“纸质书、电子书、有声读物、学习课件”四种学习资源皆可学习，手机微信公众号“指尖上老年教育”、平板APP“上海老年教育”、电脑微学网站www.shlnjy.cn三条学习通道皆可学习。让我们的老年学习者可以根据自己的实际情况，个性化选择适宜的学习资源和学习方式。

“上海市老年教育普及教材”在“十二五”期间已出版了首批100本，并入选国家新闻出版广电总局、全国老龄工作委员会办公室2016年向全国老年人推荐优秀出版物。在此经验基础上，我们更广泛地吸取各级老年学校、老年学员和广大读者的宝贵意见，力争在“十三五”期间为全市老年学习者带来更丰富、更适宜的学习资源和学习体验。

上海市老年教育普及教材编写委员会

2018年8月

目录

第一章 上海发布

第二章 花生地铁Wi-Fi

第三章 美颜相机

第四章 微信

第五章 每日优鲜

第六章 喜马拉雅

第七章 全民K歌

第一章 上海发布

我们生活在这座梦幻的城市，与它共同成长。上海发布是上海市人民政府新闻办发布本地资讯的微信平台，日渐成为大家喜欢上海的又一个理由。

一、关注微信公众号

步骤1： 打开微信，进入“微信页面”（图1—1）。

步骤2： 点击右上角的“＋”按钮，弹出下拉菜单（图1—2）。

图1－1 微信页面

图1－2 添加朋友

图1－3 选项页面

图1－4 输入搜索内容

步骤3：点击菜单上“添加朋友”按钮，进入选项页面（图1—3）。

步骤4：点击页面上方的“🔍”搜索按钮，然后在搜索框内输入“上海发布”（图1—4）。

图1－5 搜索“上海发布”

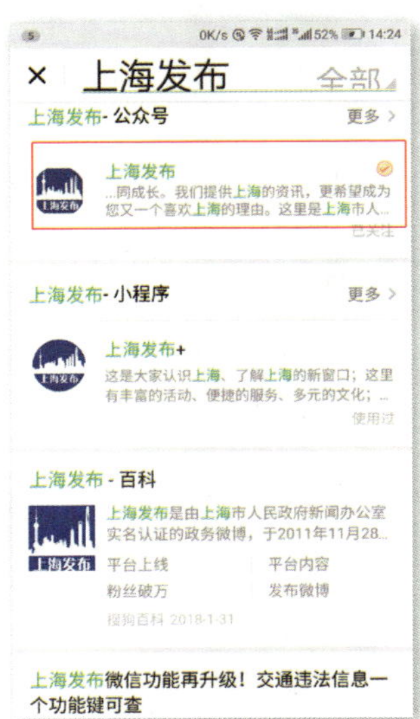

图1－6 搜索结果

步骤5：点击右下角的“”搜索按钮，前往搜索页面（图1—5）。

步骤6：点击“上海发布”，在下一界面（图1—6）中找到搜索结果。

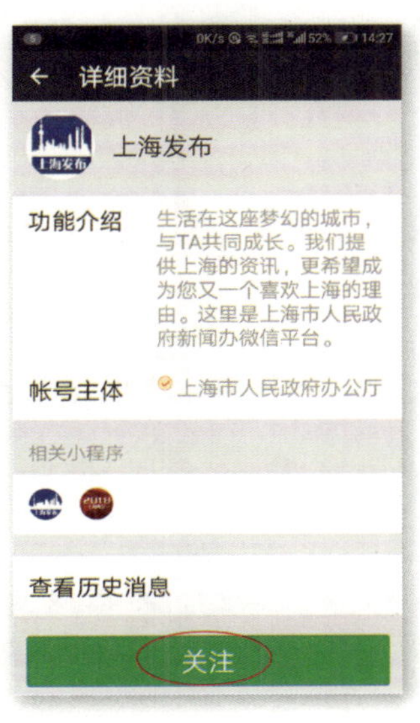

图1－7 关注公众号

图1－8 “上海发布”首页

步骤7：选择页面上方公众号下面的“”上海发布，进入详细资料页面（图1—7）。

步骤8：点击详细资料页面下方的“关注”按钮，进入到“上海发布”的首页（图1—8）。

二、栏目使用介绍

“上海发布”首页下方有三组菜单，每组菜单里面包含了众多栏目，“市政大厅”有办事类查询服务功能，“微信矩阵”推出了上海各区、委办局、重要机构的政务信息以及“I❤SH”。

（一）市政大厅

首先进入“市政大厅”菜单，目前推出可供查询的栏目有18个（图1—9），更多功能即将上线。对于广大市民来说，不同的栏目有着不同的使用人群，但也有一些栏目有一定的共性，使用人群会相对比较集中，这里选择部分作以介绍。

1. 公交实时到站

步骤1：点击查询栏目中的“ ”公交实时到站，进入“上海公交查询”页面（图1—10）。

步骤2：在输入框内输入要查询的公交线路完整名称（图1—11），然后点击右边的“ ”按钮。

图1－9 查询栏目

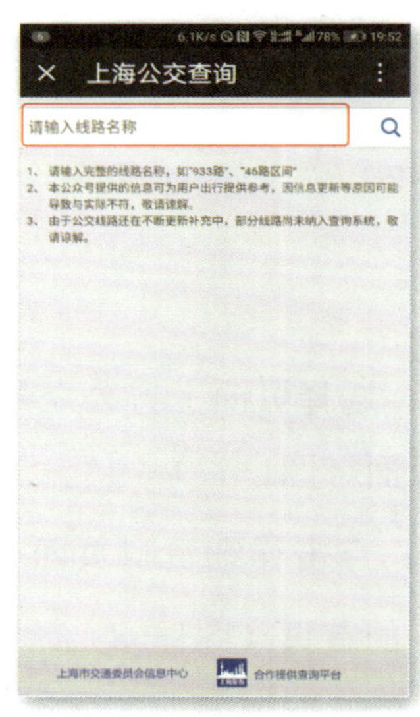

图1－10 公交实时到站

步骤3:在站名显示页面（图1—12），最上面是两个行车方向起点站、终点站的站名及首、末班车的时间。

步骤4： 先点击确认你乘坐的方向，再选择你当前候车的车站，你会看到即将到达本站车辆的号牌、距本站的路程、所需要的时间。

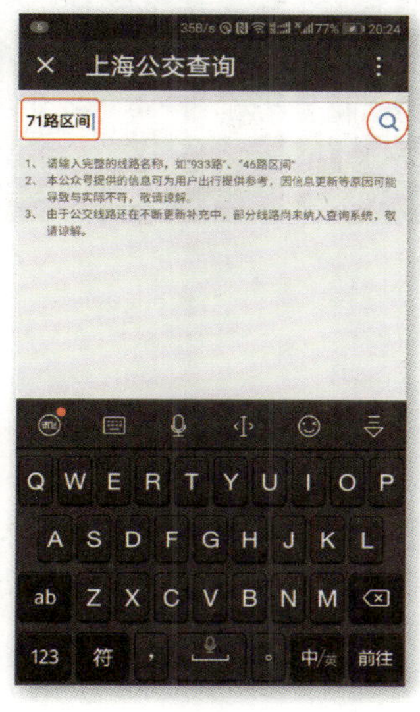

图1－11 输入查询线路

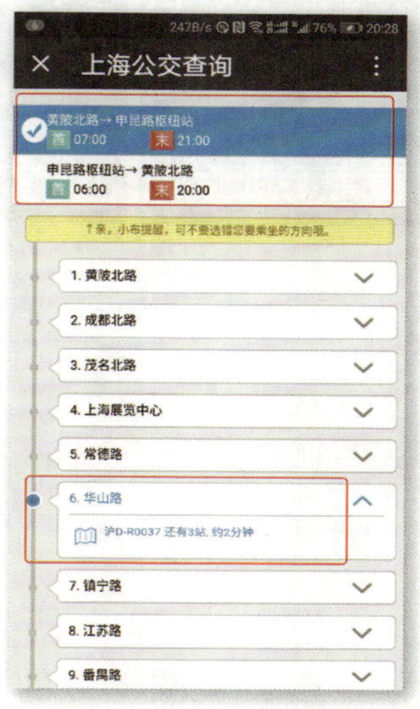

图1－12 显示到站时间

2. 路况查询

步骤1： 点击查询栏目（图1—9）中的“ ”路况查询按钮，进入“路况查询”页面。

步骤2： 通过左右滑动屏幕翻阅三组概览图，浏览城市快速路（图1—13）、高速公路（图1—14）、长三角城际高速（图1—15）的实时路况。

【小提示】

以上概览图为三个大区域的全景路况显示，如果要查询特殊路段的路况信息，可通过选择“实时交通”下的“搜索路段”去查询。

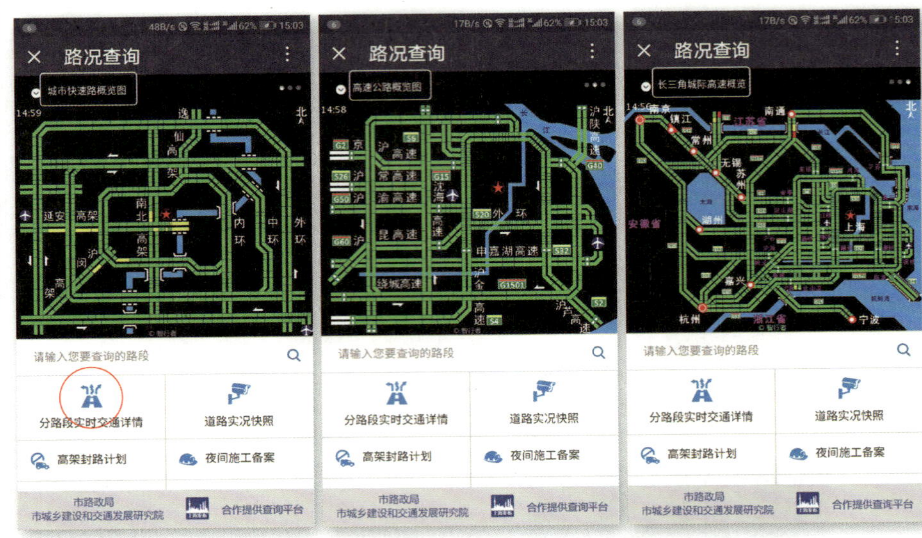

图1－13 城市快速路　　图1－14 高速公路　　图1－15 长三角城际高速

步骤3：点击概览图下方的“ ”分路段实时交通详情，进入“实时交通”页面（图1—16）。

步骤4：在“选择路段”选项中，点击打开“快速道路”菜单（图1—17）。

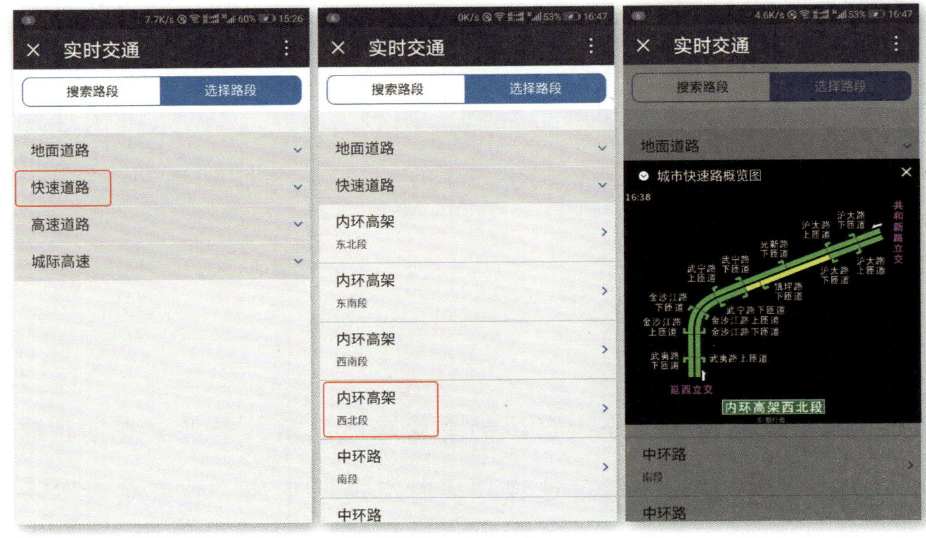

图1－16 选择路段　　图1－17 城市快速路段　　图1－18 实时快速道路信息

步骤5：选择菜单内某个固定路段（如：内环高架西北段）。

步骤6：在实时交通概览图中，显示了当前该路段各上下匝道区间路段内的道路通畅信息（图1—18）。

步骤7：查询某个区域路段的地面道路路况。在“实时交通”页面（图1—16），选择“搜索路段”选项。

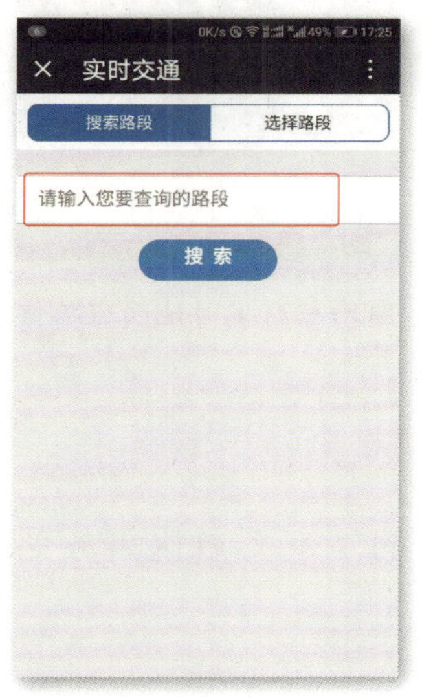

图1－19 搜索路段

图1－20 输入关联路名

步骤8：在如图1—19所示的搜索框内，输入该区域路段内的一条关联的路名。如：东方路（图1—20），然后点击“搜索”搜索按钮。

步骤9：在搜索结果（图1—21）中浏览，寻找到你要经过的路段，如：张扬路至大连路隧道段。

步骤10：点击选择该路段，在实时交通概览图中，显示了当前该路段附近的道路及隧道的通畅信息（图1—22）。

图1－21 搜索结果

图1－22 实时地面道路信息

3. 社区事务受理

步骤1：点击查询栏目（图1—9）中的“ ”社区事务受理，进入“选择所在区”页面（图1—23）。

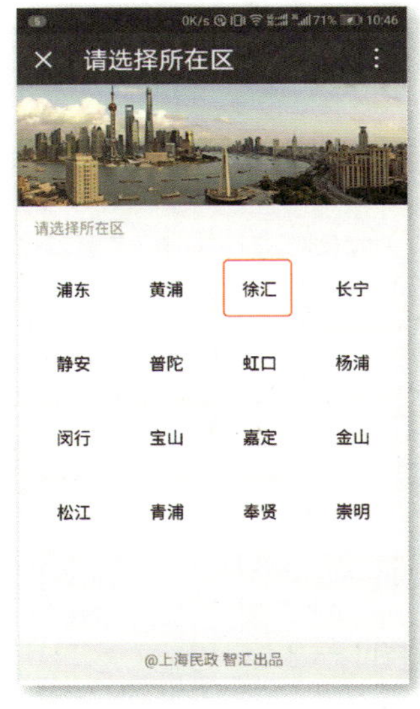

图1－23 选择所在区

图1－24 选择受理中心

步骤2：选择你所在的区（如：徐汇），进入到“受理中心”（图1—24）。

步骤3：选择一个街道（如：天平路街道），进入到“天平路街道社区事务受理服务中心”页面（图1—25）。

步骤4：浏览页面，有办事指南、在线预约、办公时间、咨询电话、地址地图等功能。

步骤5：点击“办事指南”按钮，进入“主管部门”页面(图1—26)。

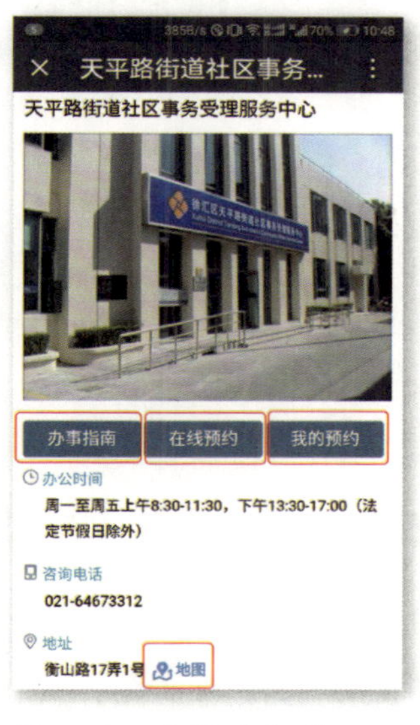

图1－25 选择的街道

图1－26 主管部门

【小提示】

目前收录的主管部门有11个，内容涉及各类申请、领证、查询、登记、参保受理等多方面，全方位的了解便于你应付日常所需。为减少办事等候时间，你可以在服务中心进行预约，在约定的日期和时间前往办事。

步骤6： 点击“在线预约”按钮，进入“办事预约”页面(图1—27)。

步骤7： 在“办事预约”页面，选择预约日期（提前五天预约）、输入个人信息、验证手机，点击“提交”提交按钮。

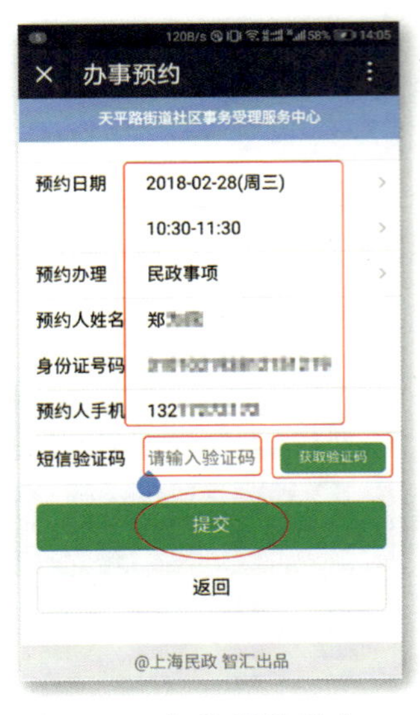

图1－27 完善预约信息

图1－28 确认提交预约

步骤8： 成功提交预约后，点击“确定”按钮（图1—28）。

步骤9： 点击“我的预约”按钮，查看进行中的预约(图1—29)。

步骤10： 点击“取消预约”按钮，可取消原定的预约（图1—30）。

步骤11： 在受理服务中心页面，点击下方的“ ”地图按钮，打开百度地图（图1—31），查看受理服务中心的位置。

步骤12： 点击地图左下方的“ ”搜周边按钮，进入“附近搜索”页面（图1—32）。

步骤13： 在页面餐饮菜单下，选择小吃快餐，进入餐饮门店（图1—33），根据自身需求，你也可在搜索框内输入查找对象搜索位置。

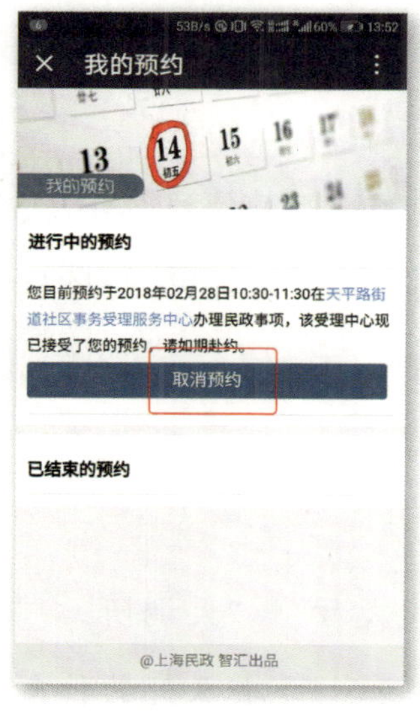

图1－29 进行中的预约

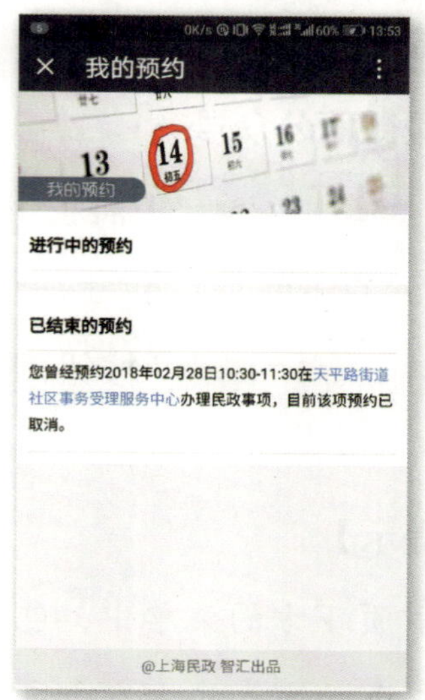

图1－30 已结束的预约

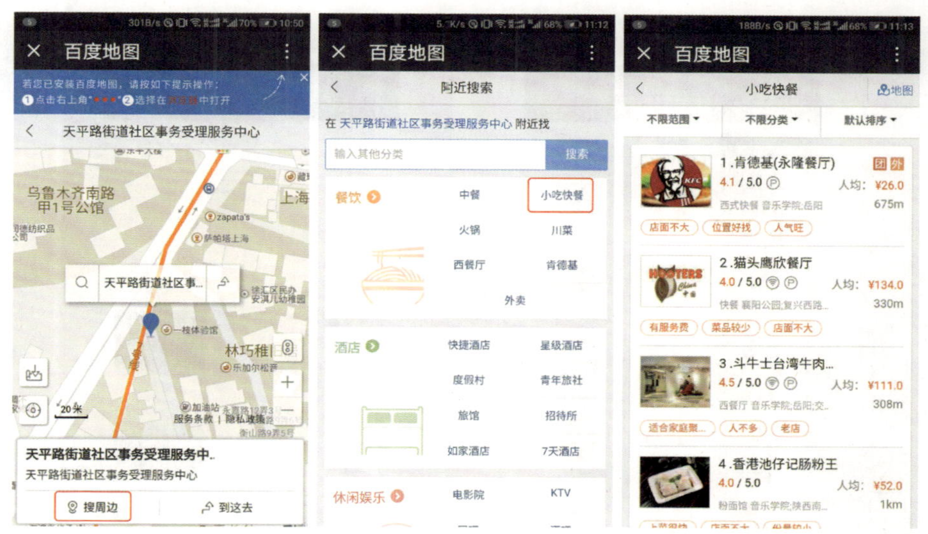

图1－31 地图上的位置　图1－32 附近搜索　图1－33 就近选餐

（二）微信矩阵

进入“微信矩阵”，这里汇集了上海16个区、33个委办局、30个重要机构的微信公众号（图1－34），而各个单位的政务信息又有自己的特色和风格。

1. 区级微信公众号

步骤1： 点击“ ”上海长宁，了解该区的相关信息（图1—35）。

步骤2： 点击页面上方“上海长宁”，进入详细资料页面（图1—36）。

步骤3： 点击“ 关注 ”按钮，进入上海长宁微信首页（图1—37）。

【小提示】

首页下方的菜单中，包括“便民大厅”“大调研”“新闻中心”三大功能。其中有市级功能的链接，也有本区的特色内容。你可以根据自己的需求选择相应的选项。

图1－34 市级微信矩阵

图1－35 选择长宁微信

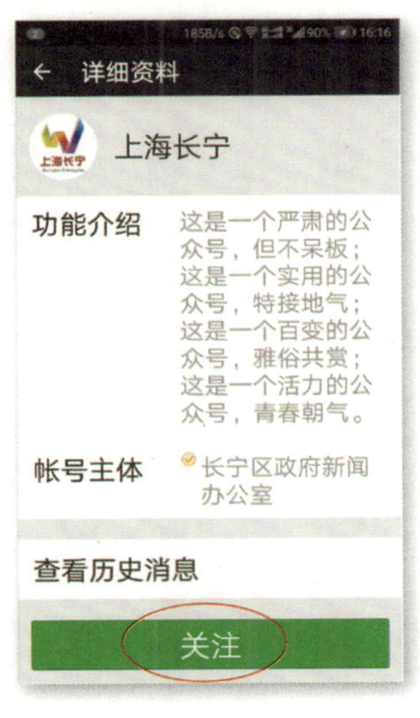

图1－36 关注微信

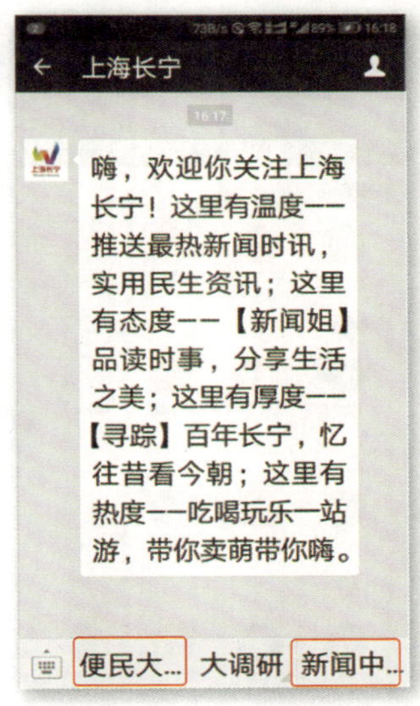

图1－37 长宁微信首页

2.便民大厅

点击“便民大厅”菜单按钮，进入“便民服务大厅”（图1—38）页面，其中有四个小栏目，“微网厅”“微资讯”“微服务”“微地标”，以下介绍的是微服务栏目的选项。

（1）指尖课程

步骤1：点击微服务最后的“⋯”“查看更多”按钮，进入“微服务”选项（图1—39）。

步骤2：选择首行的“”指尖课程，进入课程目录页面（图1—40）。

步骤3：选择目录中的课程，进入课程视频播放页面（图1—41）。

步骤4：点击“▶”播放按钮，播放课程视频。

图1－38 便民服务大厅

图1－39 选择服务内容

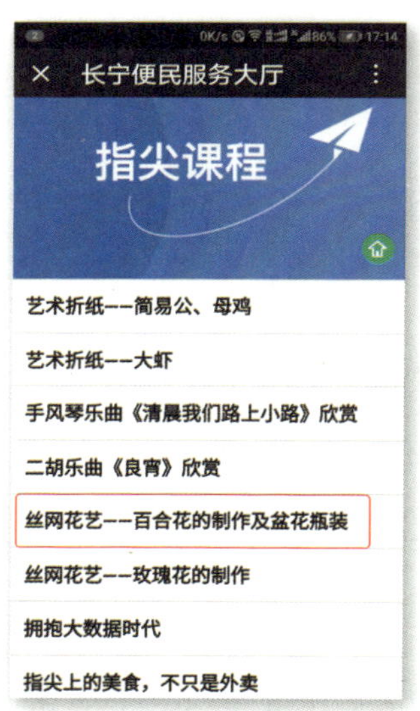

图1－40 课程目录

图1－41 选择的课程视频

（2）实时菜价

步骤1： 在“微服务”选项页面（图1－39）中，选择首行第二个“ ”“实时菜价”，进入实时菜价菜场列表页面（图1－42）。

步骤2：选择点击某个菜场，查看该菜场当日各类菜价（图1—43）。

图1－42 菜场列表

图1－43 当日菜价

（3）家政服务

步骤1：在“微服务”选项页面（图1—39）中，选择首行第三个“ ”家政服务，进入家政服务页面（图1—44）。

步骤2：选择点击第一项“ ”钟点工，进入详细内容页面。这里提供了钟点工具体的服务内容、服务时间、服务特色和预约电话等信息（图1—45）。

3.新闻中心

步骤1：在长宁微信首页（图1—37）中，点击“新闻中心”菜单按钮，进入“媒体中心”和“服务中心”页面（图1—46）。

步骤2：点击“ ”长宁时报按钮，进入“一版要闻”页面（图1—47）。

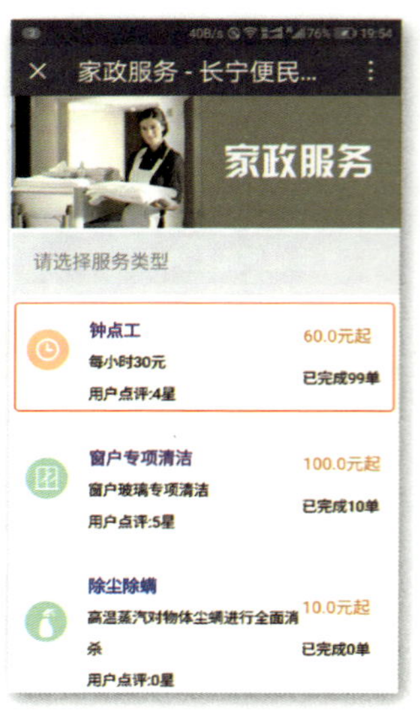

图1－44 选择服务类别

图1－45 服务内容介绍

步骤3：点击右下角的“ ”往期按钮，可指定报刊的日期（图1—48）。

步骤4：点击下方的“ ”目录按钮，显示本版面标题（图1—49）。

图1－46 媒体中心

图1－47 一版要闻

图1－48 选择往期报刊

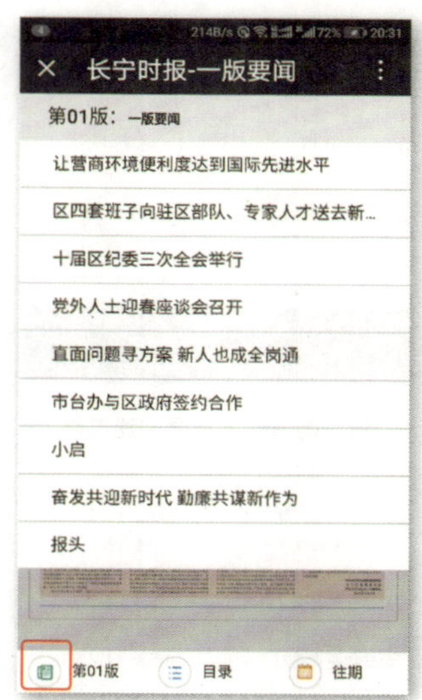

图1－49 本版标题

步骤5：点击左下角的“”版面按钮，打开侧面菜单（图1—50），选择“社区”版面。

步骤6：浏览新打开的版面（图1—51）。

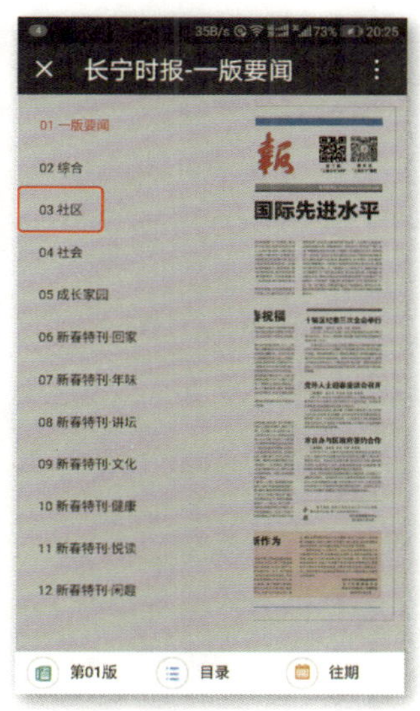

图1－50 选择版面

图1－51 浏览版面

步骤7：点击右上角的一篇文章，阅读全文（图1—52）。

步骤8：点击文章下方的 “+A” 按钮，可放大文字阅读（图1—53）。

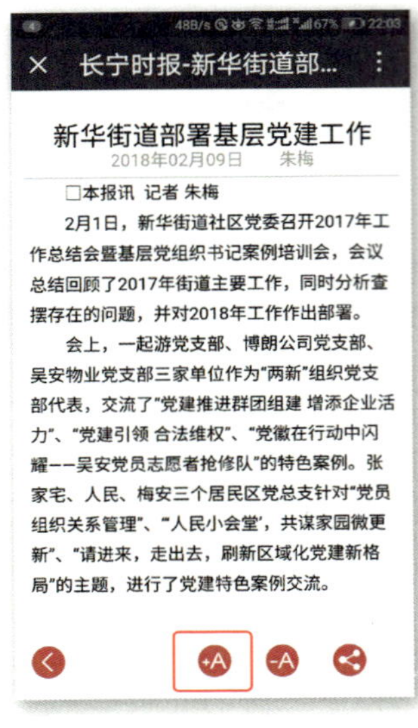

图1－52 打开文章

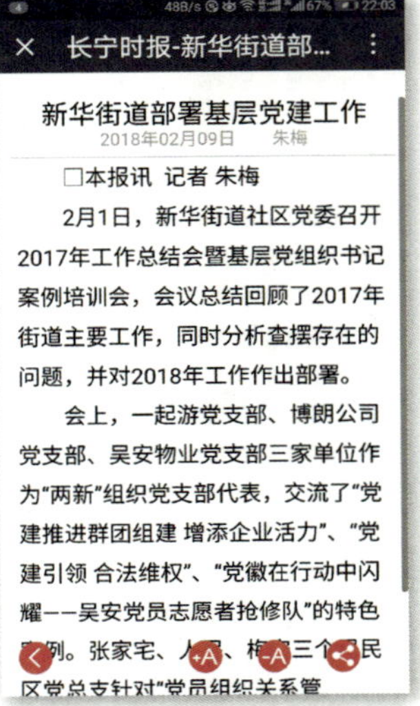

图1－53 调整文字

第二章　花生地铁Wi-Fi

地铁出行途中如何打发时间？打开手机无信号让人好失望！这时如果能连上Wi-Fi看看新闻、听听音乐，是不是很给力？现在有一款神器“花生地铁Wi-Fi”，能让你轻松连上网络。它的网速和稳定性都比较高。

一、下载安装与注册

使用前先利用现有的移动网络或Wi-Fi，下载、安装、注册“花生地铁Wi-Fi”App。

图2－1　搜索“花生地铁”

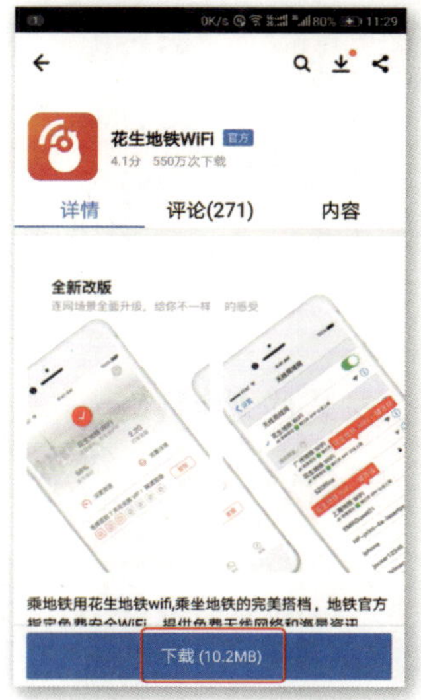

图2－2　下载“花生地铁”

步骤1：在手机上打开腾讯应用宝App（图2—1），在搜索栏输入“花生地铁”，结果中已显示“花生地铁Wi-Fi”。

步骤2：点击图中的“打开”按钮，进入到“花生地铁Wi-Fi”的下载页面（图2—2）。

步骤3：点击页面下方的“下载”按钮，开始下载“花生地铁Wi-Fi”App。

步骤4：下载完成后，点击页面（图2—3）右下方的“安装”按钮，安装“花生地铁Wi-Fi”App。

图2-3 安装“花生地铁”

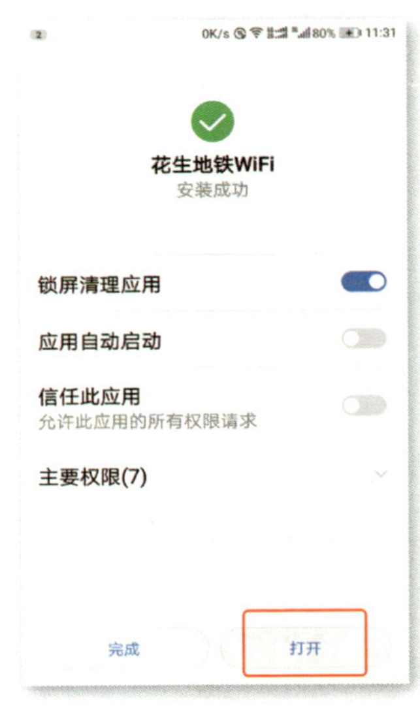

图2-4 打开“花生地铁”

步骤5：安装成功后，点击（图2—4）下方的 “打开”按钮即进入“花生地铁Wi-Fi”App。

步骤6：点击“立即体验”按钮（图2—5），进入到默认的头条打开页面（图2—6）。

图2－5 进入“花生地铁”

图2－6 默认打开页面

步骤7：选择左下方的“连接”，进入连接页面（图2—7）。

步骤8：点击右上方的“ ”图像，进入到如图2—8所示的登录及注册页面。

图2－7 连接页面

图2－8 登录及注册页面

【小提示】

在图2—7页面中有测网速、查流量、显示目前网络及切换网络等功能，在平常使用时可利用当前网络上网浏览或游戏娱乐。

进入图2—8页面，老用户在输入手机号和密码后可直接登录“花生地铁Wi-Fi”，但新用户在首次进入地铁使用时需先行注册，经连接成功后才可以使用。

步骤9：点击页面右下方的“新用户注册”按钮，进入到注册页面（图2—9）。

步骤10：首先输入你的手机号码（图2—10），然后点击“获取验证码”按钮，进入验证页面。

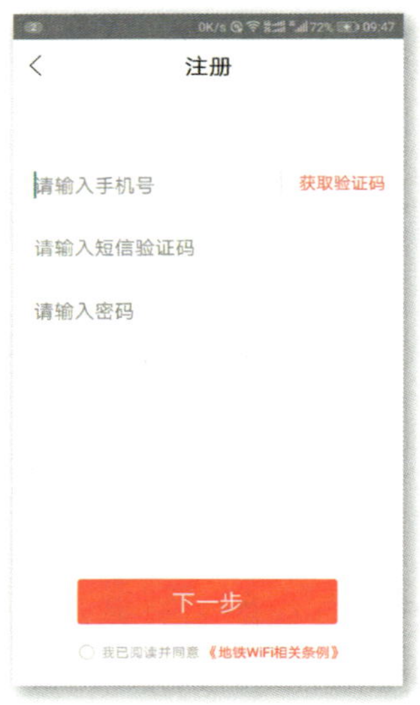

图2－9 注册页面

图2－10 填写手机号

步骤11：在验证页面（图2—11）中，输入图片中的数字，点击“确定”后注意接收手机短信。

步骤12：在图2—12中，将收到的四位短信验证码填入注册页面，并设置你的密码，最后在“我已阅读并同意《地铁Wi-Fi相关条例》”前面的小圆圈打上“√”，点击“下一步”去设置密保问题。

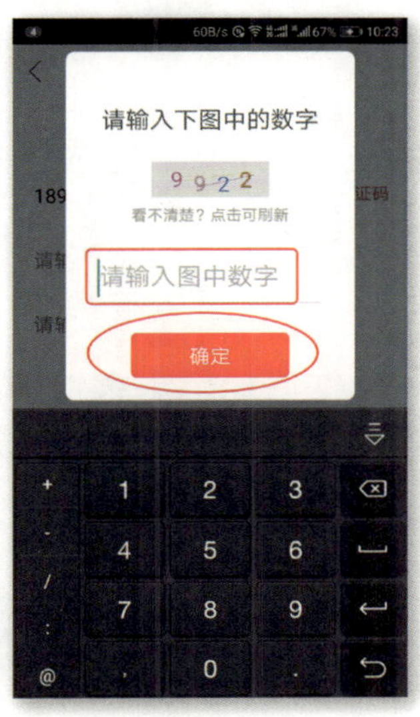

图2-11 验证页面

图2-12 填写有关信息

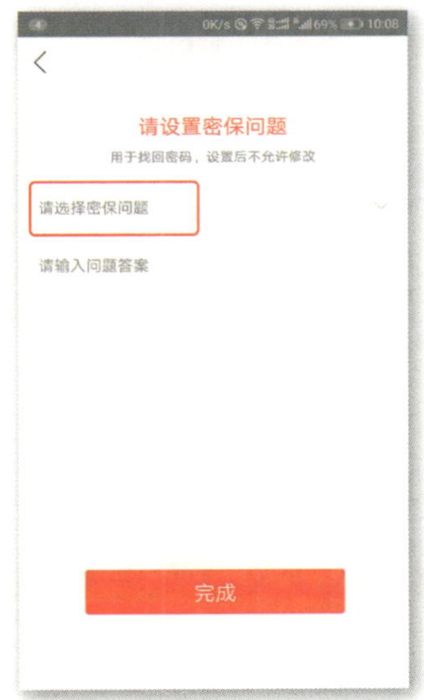

图2-13 设置密保

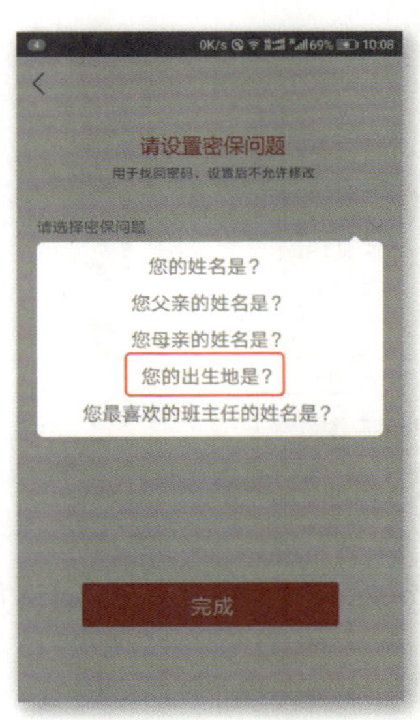

图2-14 选择密保问题

步骤13：在图2—13中点击“请选择密保问题”的文字（设置密保问题是用于找回密码，设置后是不允许修改的）。

步骤14：在弹出的对话框（图2—14）中，任意选择一个问题。

步骤15：在图2—15中点击“请输入问题答案”的文字，然后直接输入你选择的问题答案。

步骤16：全部步骤结束后，点击图2—16下方的“完成”按钮，至此，注册就顺利完成了。

图2－15 输入问题答案

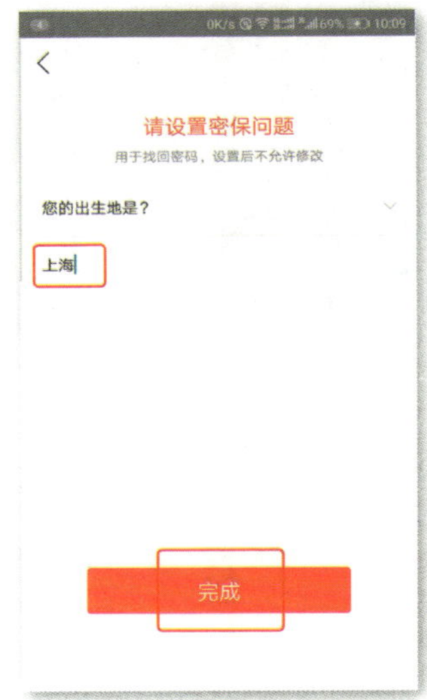

图2－16 完成注册

【小提示】

完成注册后会进入个人中心（图2—17），点击“ ”则进入“个人资料”（图2—18）。根据本人需要去完善信息，不会对使用“花生地铁Wi-Fi”产生影响。

图2－17　进入个人中心

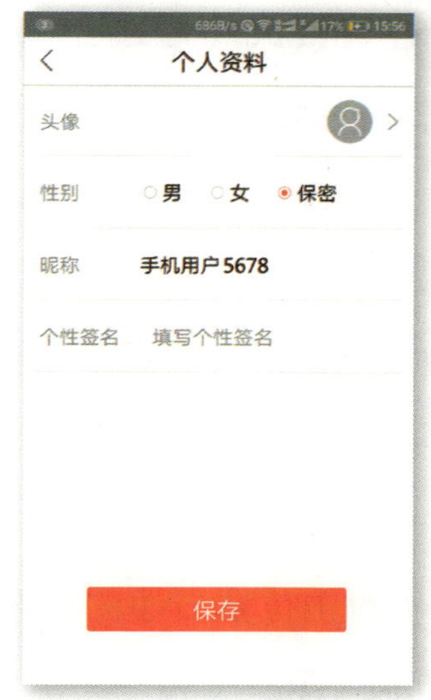

图2－18　完善个人资料

二、功能介绍与使用

步骤1：当你进入到地铁站点内，开启WLAN，在列表中搜索到“花生地铁Wi-Fi”，点击进行连接（图2—19）。

图2－19　连接“花生地铁”

图2－20“花生地铁 App”

图2－21　通知栏

步骤2： 连接成功后，在应用中打开“花生地铁 App”（图2—20）开始使用。

步骤3： 在通知栏页面（图2—21）中，当你看到屏幕上方出现“连接地铁Wi-Fi后可查看当前线路”或“定位中”这样的提示，则说明网络没有连接成功或目前处于连接中。

步骤4： 而当网络连接成功时，通知栏会显示你当前的位置信息（图2—22）。

步骤5： 点击位置右边的展开按钮，显示列车前方的车站及换乘线路信息（图2—23）。

图2－22 你的当前位置

图2－23 前方车站信息

步骤6： 点击信息下方的“到站提醒”，进入“设置提醒”页面（图2—24）。

步骤7： 在目的地一栏点击“你要去哪儿”，在出现的页面中输入地铁站名（图2—25）。

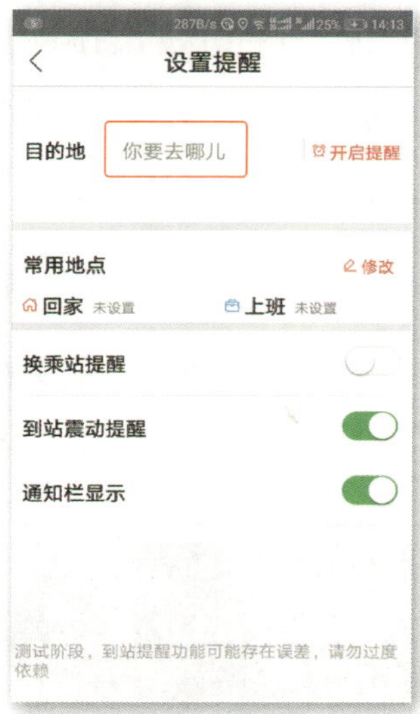

图2－24 设置到站提醒

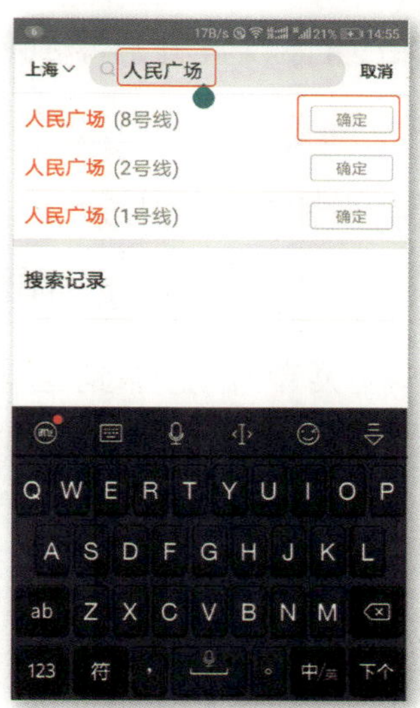

图2－25 确定目的地

步骤8：选择你所乘坐的线路，点击后面的“确定”按钮，然后会弹出一个对话框（图2—26）。

步骤9：点击按钮“我知道了”，这样就开启了到站提醒（图2—27）。

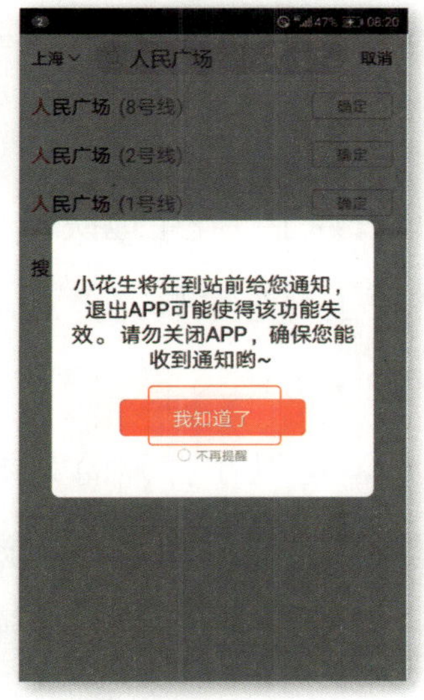

图2－26 提示信息

图2－27 提醒开启

步骤10：当你设置开启了到站提醒功能后，手机发出振动提示，同时在主屏幕下拉菜单会显示你的设置（图2—28）。而到目的地站时会发出较长的振动声，以引起你的注意。

步骤11：在设置提醒页面中打开“换乘站提醒”开关，则在主屏幕下拉菜单中能看到当前站和下一站可以换乘的线路（图2—29），并以正常的振动声提示你。

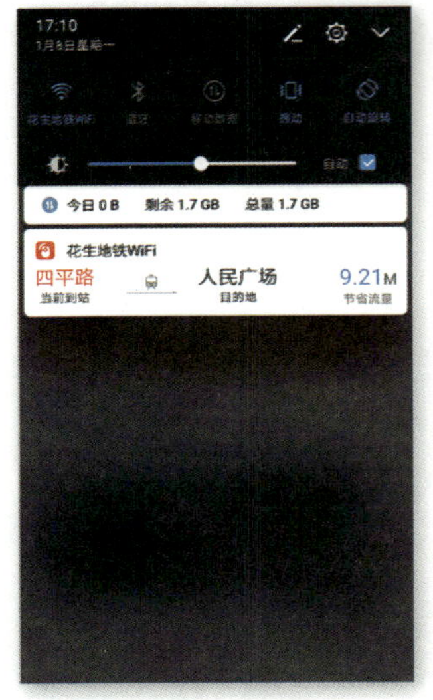

图2－28 目的地提醒

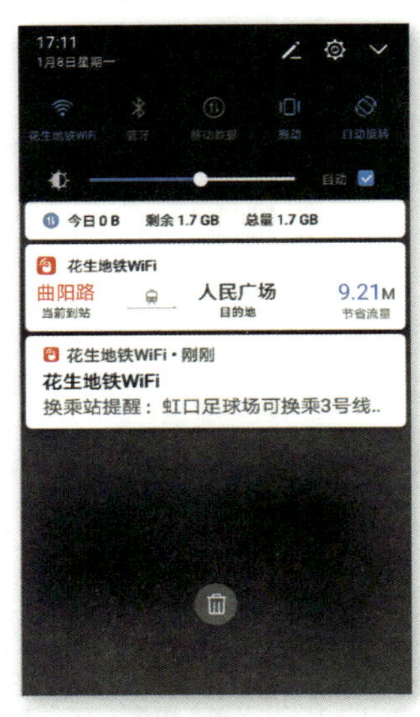

图2－29 换乘站提醒

步骤12：目前除了上海还有多个城市也开通了“花生地铁Wi-Fi”。在默认的头条打开页面，选择上面的“上海”菜单，再点击下面通知栏上的“点击切换城市”按钮（图2—30）。

步骤13：如果你去到上海以外的城市，可以在打开的菜单里看看那边有没有你可选择的的城市（图2—31），如果有选择的对象，使用上是没有区别的。

图2－30 切换城市

图2－31 可选择的城市

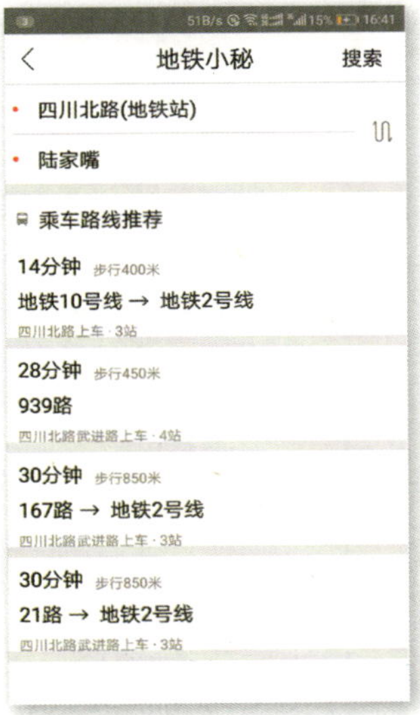

图2－32 查询交通换乘

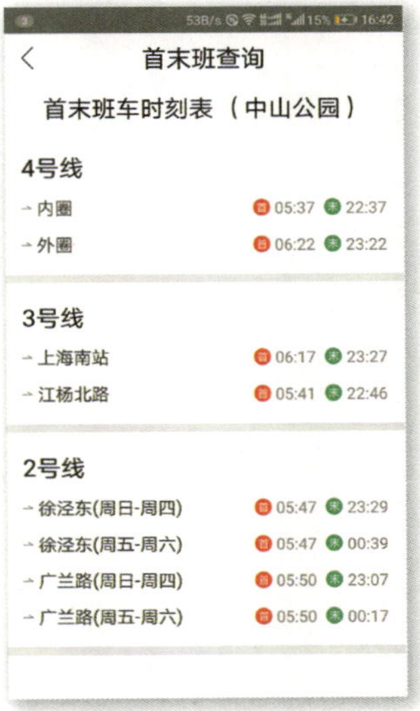

图2－33 查询首末班时间

【小提示】

通知栏信息的下方还有两个按钮，“地铁小秘”和“首末班查询”。在“地铁小秘”（图2—32）页面输入起点和目的地将出现多套交通换乘方案供你选择。

在“首末班查询”页面（图2—33），你只要输入任何地铁线路的站点名，就会显示该站点所有经过地铁线路的首末班车时间。

第三章　美颜相机

美颜相机是一款把手机变拍照神器的应用程序，由美图秀秀团队倾力打造。自动美肌和智能美型功能颠覆了传统的拍照效果，瞬间自动美颜，完美保留脸部细节，让照片告别模糊。它有六大特点：一键美颜、瘦脸瘦身、动漫大头贴、高级柔焦、视频美颜、缩小鼻翼。快去玩转这些功能吧，让我们的生活充满美丽的色彩。

一、安装与注册

首先下载并安装“美颜相机”应用。为了在使用时获取更多的功能，需注册、登录进入“美颜相机”。

图3－1　搜索“美颜相机”

图3－2　“美颜相机”下载中

步骤1： 打开手机上应用市场，在搜索栏输入“美颜相机”，在结果中找到“美颜相机”（图3—1）。

步骤2： 点击后面的“下载”按钮，进入“美颜相机”的下载页面，正在下载中，请稍等片刻（图3—2）。

步骤3： 下载完成后，点击下方的“安装”按钮开始安装（图3—3）。

步骤4： 安装成功，点击下方的“打开”按钮（图3—4）进入“美颜相机”首页。

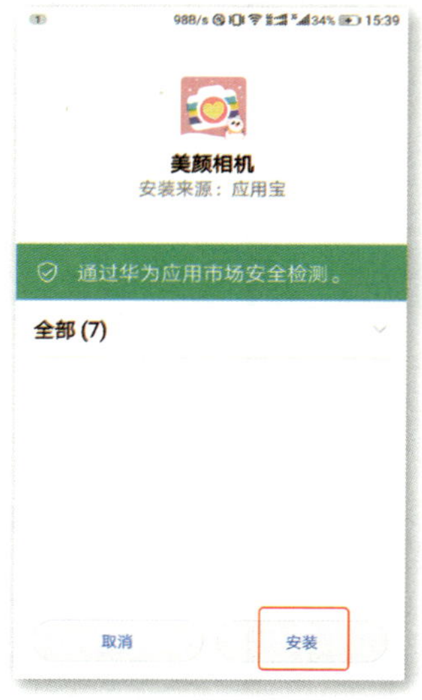

图3－3　安装“美颜相机”

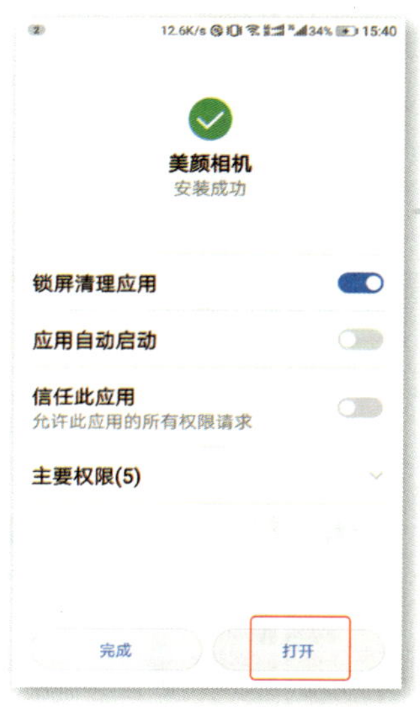

图3－4　开启“美颜相机”

【小提示】

“美颜相机”App的下载途径很多，可以通过官方网站、360手机助手、太平洋电脑网、百度手机助手等等，只要你觉得方便就行。

步骤5： 在“美颜相机”首页（图3—5），点击右上方的“ ”

我的按钮，进入个人首页。

步骤6：点击个人首页上方的头像部分（图3－6），进入注册登录页面。

图3－5　“美颜相机”首页

图3－6　个人首页

步骤7：点击注册页面(图3—7)下方的“”，选择用微信注册。

步骤8：在确认登录页面（图3－8）中，“美颜相机”告知其在你微信登录后所获得的权限。

步骤9：点击“确认登录”按钮，进入“完善资料”页面（图3－9）。

步骤10：在页面中可以给自己设置昵称，然后选择性别、生日和所在地（图3－10），最后点击“完成”按钮，返回到个人首页（图3－11）。

图3－7 注册页面

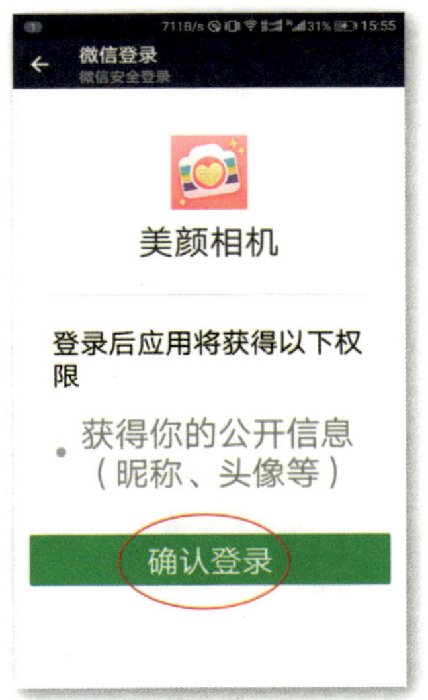

图3－8 确认登录

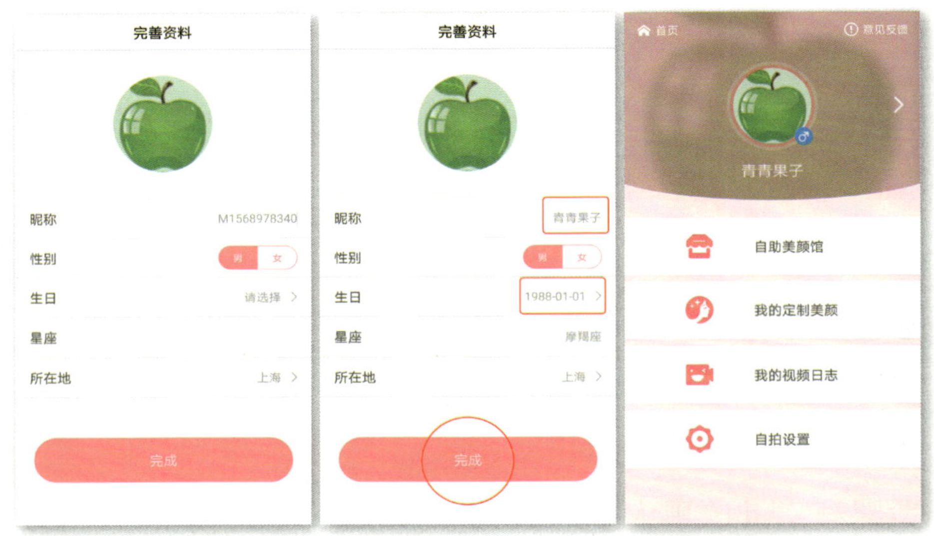

图3－9 设置个人信息　图3－10 完善资料　图3－11 属于你的首页

二、高级美颜

步骤1：打开“美颜相机”进入首页（图3－12），左右滑动中间的菜单，点击其中的“ ”高级美颜按钮进入手机相册。

图3－12 选择“高级美颜”

图3－13 选择相册照片

步骤2： 浏览手机相册（图3－13）并选择你需要美颜的照片。

步骤3： 点击选中的照片，进入到高级美颜的编辑页面（图3－14）。

图3－14 “高级美颜”编辑页

图3－15 选择“一键美颜”

步骤4：在编辑页面下方的功能中，选择第一个“ ”一键美颜按钮，在打开的菜单（图3－15）中可以浏览到超过10个选项。

步骤5：在选项中任意选择，选择后可使用选项上面的“ 对比 ”“对比按钮”审视美颜前后的效果。

步骤6：当你按下“ 对比 ”对比按钮，显示的是原图，松开后则显示美颜后的效果。

步骤7：选项最左侧是一个“ ≡ ”强度按钮，每按一下强度就变化一次，分别是“普通、轻度、极度”。

步骤8：以上步骤完成后，点击右下角的“ ✓ ”确认按钮，确认之前的选项。如果要放弃选择，点击左下角的“ ✕ ”放弃按钮。

步骤9：确认后返回编辑页面（图3－14），选择第二个“ ”编辑功能，打开选项页面（图3－16）。此页面有两个选项分别是“ 裁剪”和“ 旋转”。

图3－16 裁剪选项

图3－17 固定比例选项

步骤10：如选择“”裁剪选项，上方显示的“比例: 自由”是当前默认的比例状态，此时可任意移动裁剪边框的四边来截取留下的部分。

步骤11：而当需要改变照片的比例或形状时，打开“比例: 自由”比例按钮，在菜单中选择所对应的固定比例选项（图3—17）。

步骤12：你也可以在“比例按钮”和“菜单选项”之间多次切换选择其他的比例。

图3－18 截取头像部分

图3－19 裁剪后的效果

步骤13：这里选择的是固定比例正方形来截取头像部分。选择固定比例后，只能通过裁剪框四个角的缩放来调整照片尺寸大小，并拖曳裁剪框至截取部位，而不能改变所选的形状和比例（图3—18）。

步骤14：选择固定比例裁剪后，点击“确定裁剪”确定裁剪按钮。由于截取了头像部分，裁剪后人像显示就放大了（图3—19）。

步骤15： 如果觉得效果不理想，可点击左侧“重置”重置按钮，恢复到裁剪的初始状态重新编辑。

步骤16： 完成裁剪后再选择“ ”旋转选项进入到图3—20。上方不同方向的旋转按钮，自左至右分别为向左转90度、向右转90度，水平翻转、垂直翻转。

步骤17： 点击“ ”水平翻转按钮，将照片水平翻转（图3—21）。

步骤18： 点击右下角的“✓”确认按钮返回到美颜页面（此时照片并未保存，如果要放弃编辑，确认前可点击左下角的“✕”放弃按钮）。

【小提示】

高级美颜的编辑功能很强大，使用者往往是根据自己的需求去做照片美颜的，所以整个顺序、操作过程没有固定的步骤，这里尽可能把常用的功能选项罗列出来让你充分了解和熟悉，并在你按个人的喜好去美化照片时给以参考。

步骤19： 在美颜页面（图3—22）中，点击右上角的“保存与分享 >”按钮，你编辑的照片才保存到手机相册中，同时进入“保存与分享”页面。

步骤20： 在“保存与分享”页面（图3—23）中，可将已保存的照片分享给你的朋友，也可以继续下一张美颜“ ”或去给照片造型“ ”。

图3－20 旋转选项

图3－21 水平翻转头像

图3－22 确认美颜

图3－23 保存与分享

三、发型管家

选择以上的“ ”即进入到“发型管家”页面，继续美颜你的照片，给你配上美丽的发型。

美颜可以改换容貌，而发型也能让年龄发生变化，让小孩变得更成熟，让老年朋友变得更精神、更年轻，让年轻朋友变得更靓丽。我们展示一下不同年龄更换发型的效果。单做发型美化则可从“美颜相机”首页开始。

步骤1：打开“美颜相机”进入首页（图3－24）。左右滑动中间的菜单，点击其中的“ ”发型管家按钮进入“发型管家”页面。

步骤2：点击“发型管家”页面下方的“ ”换发型按钮（图3—25）进入拍摄窗口。

步骤3：浏览拍摄窗口（图3－26）功能，按要求准备拍摄照片。

步骤4：将拍摄对象的正脸聚焦在窗口的人脸识别框内（图3－27）。

【小提示】

图3－24　“美颜相机”首页

图3－25　“发型管家”首页

“发型管家”通过人脸识别、脸型分析最后给你推荐一款发型，要想取得好的效果，拍照就需要规范，点击窗口中的“❓”帮助按钮，观看拍照要求小视频。

步骤5： 以老年朋友为对象，点击“◯”拍摄按钮拍摄照片。

图3－26 拍摄窗口

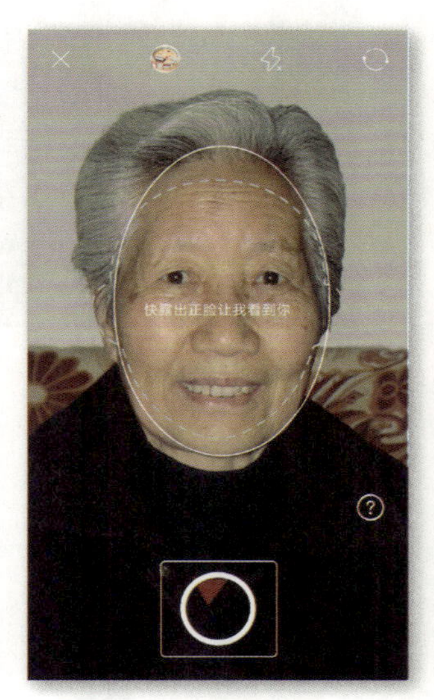

图3－27 聚焦人脸

步骤6： 拍摄后点击“✓”确认按钮进入人脸识别（图3－28）。如聚焦位置不正确，会弹出提示框（无法识别到人脸，建议重拍）。

步骤7： 识别成功后会自动为你推荐一款发型（图3－29）。上下移动头像右边的“⁝”调色圈，为发型选择合适的颜色。

步骤8： 你也可以左右移动下方的发型选项（图3－30），选择自己喜欢的发型或颜色。

步骤9： 选择最终效果后，点击右下角的“✓”保存按钮，将发型照片保存到手机相册（图3－31）。

图3－28 拍摄照片

图3－29 推荐效果

图3－30 自选效果

图3－31 保存照片

【小提示】

在保存页面，你还可以进行以下多项选择：

★将保存的照片分享给你的朋友。

★选择“”继续造型，返回前页面，对之前的照片再次更换发型。

★选择“”返回按钮，返回发型管家首页，重新拍照并选择发型。

步骤10：重复以上操作步骤2至4。

步骤11：以年轻朋友为对象，点击“”拍摄按钮拍摄照片。

步骤12：拍摄后点击“”确认按钮进入人脸识别（图3－32）。

步骤13：识别成功后，你可以通过头像下方的发型选项，挑选一款合适的发型与之前拍摄的照片进行对比。

步骤14：选择最终效果后，点击右下角的“”保存按钮，将发型照片保存到手机相册（图3－33）。

步骤15：重复以上操作步骤2至4。

步骤16：以小朋友为对象，点击“”拍摄按钮拍摄照片。

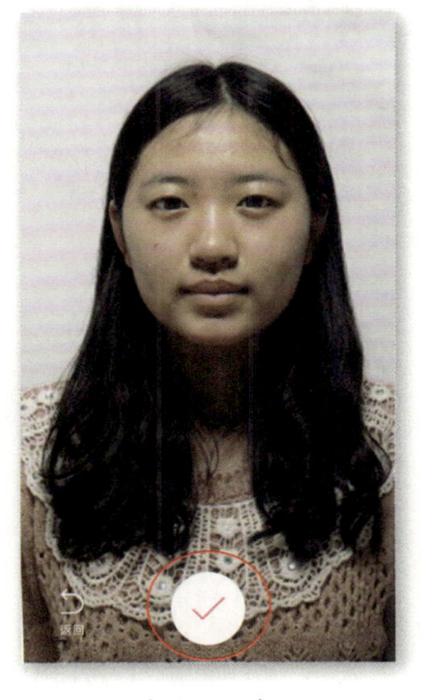

图3－32拍摄照片

图3－33 发型效果

步骤17： 拍摄后点击“✓”确认按钮进入人脸识别（图3—34）。

步骤18： 识别成功后，你可以通过头像下方的发型选项，挑选一款合适的发型与之前拍摄的照片进行对比。

步骤19： 选择发型效果后，还可通过“⋮”调色圈改变发色，然后点击右下角的“✓”保存按钮，将发型照片保存到手机相册（图3—35）。

图3－34 拍摄照片

图3－35 发型效果

四、大头贴

（一）萌趣拍照

步骤1： 打开“美颜相机”进入首页（图3—36）。

步骤2： 点击“ ”大头贴按钮，进入“动漫大头贴机”菜单页面。

图3－36 “美颜相机”首页

图3－37 动漫菜单

步骤3：在动漫菜单页面（图3－37）中，点击“[萌趣拍照]”萌趣拍照按钮，进入拍摄页面（图3－38）。

步骤4：点击“○”快门按钮拍照，然后进入选项页面（图3－39）。

图3－38 拍摄设置

图3－39 选项页面

【小提示】

拍照前在拍摄页面的顶端菜单可进行拍摄模式、照片比例、前后摄像头选择等相关的设置。如果仅为了拍照，在拍照后则可放弃美颜编辑直接点击“”保存按钮。

步骤5：点击下方右侧的“”编辑按钮，进入美颜页面（图3—40）。

步骤6：浏览选择美颜图案，让你的照片变得更漂亮。选定后点击美颜图案下方的“”收起按钮返回选项页面。

步骤7：点击“”保存按钮，将照片保存到手机相册（图3—41）。

图3－40 美颜编辑

图3－41 保存图片

（二）动漫模板

步骤1： 在“美颜相机”首页，点击“ ”大头贴按钮，进入“动漫大头贴机”菜单页面（图3—42）.

步骤2： 点击“ ”动漫模板按钮，进入选择模板页面（图3—43）。

图3－42 动漫菜单

图3－43 选择模板

【小提示】

模板选项中，模板图案右下方位置如有“ ”下载标记，请先点击下载，下载后需再次点击进入使用页面，无下载标记的可以直接点击使用。

步骤3： 选择上方第1款已经下载的经典模板，点击模板，在显示页面看看效果（图3—44）。

步骤4： 点击右上角“ ”下一步按钮，进入拍摄页面（图3—45）。

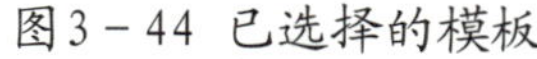
图3－44 已选择的模板

图3－45 拍摄照片

步骤5：点击“◯”快门按钮拍照，然后进入选项页面（图3—46）。

步骤6：点击下方的“ ”编辑按钮，进入美颜编辑页面（图3—47）。

图3－46 选项页面

图3－47 美颜编辑

步骤7： 浏览选择美颜图案，选定后点击美颜图案下方的“ ”收起按钮，返回选项页面。

步骤8： 在选项页面（图3—48）中点击“ ”保存按钮，仅将经过美颜的照片（图3—49）保存到手机相册并进入“编辑大头贴”页面。

图3-48 选项页面

图3-49 保存美颜照片

步骤9： 在“编辑大头贴”页面（图3—50）中，可适度微调美颜照片在模板中的位置，点击右上角的“ ”保存与分享按钮，进入“保存与分享”页面，同时嵌入模板的照片（图3—51）也保存到了手机相册。

步骤10： 在“保存与分享”页面（图3—52）中，可将已保存的照片分享到朋友圈、微信好友、QQ空间、QQ好友等。

步骤11： 点击上面的“ ”相机按钮，返回到选择模板页面（图3—53）继续拍照。

图3－50 编辑大头贴

图3－51 保存模板照片

图3－52 分享照片

图3－53 返回模板

五、拍照

（一）美颜

步骤1： 打开“美颜相机”进入首页（图3—54）。

步骤2： 点击“”拍照按钮，进入“美颜相机”拍摄页面（图3－55）。

图3－54 “美颜相机”首页

图3－55 美颜拍照页面

【小提示】

进入此页面时会弹出提示“轻触拍照，长按摄像”。即点击“”快门拍摄照片，长按“”快门拍摄录像，松开快门终止录像。

步骤3： 为了方便拍照，你可以在上方的“”设置中打开“触屏拍照”选项（图3－56），当你的手指接触到取景窗口的任意部位时，照片就拍摄成功了。

步骤4： 打开拍摄页面时，默认的是前置摄像头，对自己进行拍摄；而利用页面右上方的“”按钮，可以切换到后置摄像头（图3－57），拍摄他人的影像。

图3－56　打开“触屏拍照”

图3－57　切换后摄像头

步骤5：对焦到拍摄对象，点击左侧的“”美颜菜单，进入调节选项（图3—58），可分别对人物脸部的肤色、脸部、下巴、眼睛进行修饰美化。当你选中某个选项后，通过照片下沿的滑

图3－58　脸部调节选项

图3－59　保存图片

块，用左右移动来改变选项。

步骤6： 完成美化后点击“”快门按钮确认。

步骤7： 在确认后的页面（图3—59）中可以点击“”编辑按钮继续其他美化。点击“”分享按钮，可将确认的图片直接发送给微信或QQ好友；点击“”返回按钮，则放弃之前的编辑。

步骤8： 最后点击“”保存按钮，将图片保存到手机相册。

（二）萌拍

步骤1： 打开“美颜相机”进入首页（图3—60）。

步骤2： 点击“”拍照按钮，进入“美颜相机”拍摄页面，移动快门按钮上方的菜单至“萌拍”选项（图3—61）。

步骤3： 点击页面左侧的“”贴纸按钮，进入美颜页面（图3—62）。

步骤4： 左右移动美颜图案最上面一条菜单，浏览不同的选项，熟悉每个选项下对应的美颜图案。

图3－60 “美颜相机”首页

图3－61 选择贴纸

图3－62 浏览美颜图案

图3－63 自助美颜馆

步骤5：更多的美颜图案可以点击菜单左侧的“+”进入到自助美颜馆选取（图3—63）。

步骤6：随意选取中间位置的图案，点击进入选项页面（图3—64）。

【小提示】

页面的选项中，在图案右下方位置有不同的标记，“↓”按钮表示该图案先要经过下载才能使用，“使用”按钮则表示已经下载可以点击直接使用。

步骤7：选择选项页面下方左侧的图案，点击该图案右下角的“↓”下载按钮。

步骤8：下载完成后，“↓”下载按钮将转换为“使用”使用按钮，点击使用按钮选择该图案，直接跳转到美颜拍照页面（图3—65）。

图3-64 选项页面

图3-65 美颜拍照页面

图3-66 试看美颜效果

图3-67 保存美颜图片

步骤9： 此时无论采用前置摄像头拍摄自己，或是采用后置摄像头拍摄他人，你所选择的美颜图案将通过人脸识别，准确地定格到设定的部位。

步骤10： 如果不进入“自助美颜馆”，则可以在“美颜页面”菜单选项中选择对应的图案试看效果（图3—66），选中后点击图案下方的“ ”快门按钮确认。

步骤11：不同方式的美颜操作，确认后的步骤是相同的。

步骤12：在确认后的页面（图3—67）中，点击“ ”分享按钮，将确认的图片直接发送给微信好友或朋友圈；点击“ ”返回按钮，则放弃之前的编辑；点击“ ”保存按钮，将图片保存到手机相册。

【小提示】

以上两种美颜方式的不同点在于，直接在“美颜页面”操作，菜单相对集中，步骤少，且效果直观可见。“自助美颜馆”某些图案在使用前需要经过下载，为方便起见，你可以在页面顶端菜单图案中，点击“一键下载”按钮，先行完成所有下载。菜单图案中的下载按钮能一次下载该菜单下的全部选项；而菜单以下的选项图案是单独下载使用的，每次一个。

（三）照片比例

在拍照选项中，拍摄的照片有3种尺寸比例（1:1，3:4，9:16），可参照以下的显示效果在拍摄前进行选择。

步骤1：打开“美颜相机”进入首页（图3—68）。

步骤2：点击“ ”拍照按钮，进入“美颜相机”拍摄（图3—69）。

步骤3：在页面上方的菜单中，点击比例按钮选择“1:1”，显示该比例的取景窗口（图3—70）。

图3－68 “美颜相机”首页

图3－69 选择拍摄比例

图3－70 1:1取景窗口　　图3－71 保存拍摄　　图3－72 1:1成像效果

步骤4： 点击“ ”按钮拍摄照片，进入编辑保存页面（图3—71）。

步骤5： 点击页面下方的“ ”保存按钮，将照片保存到手机相册。

步骤6： 进入手机相册，点击保存的照片看全屏成像效果（图3—72）。

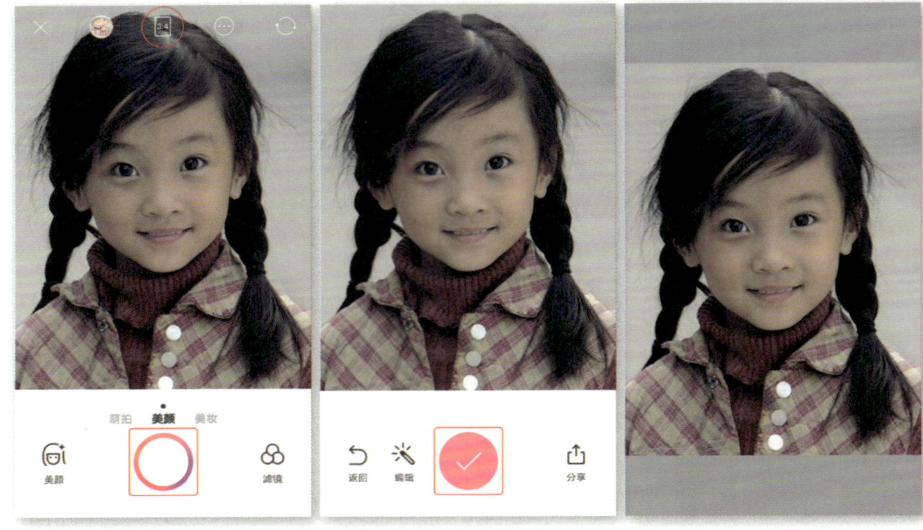

图3－73　3:4取景窗口　　图3－74　保存拍摄　　图3－75　3:4成像效果

步骤7： 重复上述步骤3至步骤6，选择"3:4"比例，拍摄照片（图3—73）、保存照片（图3—74）、显示3:4成像效果（图3—75）。

图3－76　9:16取景窗口　　图3－77　保存拍摄　　图3－78　9:16成像效果

步骤8：在页面上方的菜单中，点击比例按钮选择“3:4”，显示该比例的取景窗口（图3－76）。

步骤9：点击“●”按钮拍摄照片，进入编辑保存页面（图3－77）。

步骤10：点击页面下方的“✓”保存按钮，将照片保存到手机相册。

步骤11：进入手机相册，点击保存的照片看全屏成像效果（图3－78）。

【小提示】

从以上照片最后成像效果可以看出，1:1和3:4的比例较适合拍摄类似标准报名照或突出头像部分，9:16的比例则较适合全身形体照片。

第四章 微信

微信“传图识字”是一个能将图片上的文字转换为你需要的文字，方便你复制、转发的小程序。而“位置”功能则运用GPS定位，把你当前的位置分享给你的好友，即使你的位置在移动或改变，也可以选择“共享实时位置”。

一、传图识字

（一）文字识别

传图识字提供免费、便捷、精准的OCR（Optical Character Recognition，光学字符识别）文字识别服务，以及后续的选词、分词、翻译等功能。OCR文字识别，是将图片上的文字内容，智能识别成为可编辑的文本，为用户日常输入助力。

步骤1：首先进入微信，在“发现”页面（图4－1）中点击“小程序”按钮。

步骤2：在小程序页面（图4－2）中，点击右上角的“🔍”搜索按钮。

步骤3：在搜索框内输入“传图识字”，点击键盘右下角的“🔍”搜索按钮（图4－3）。

步骤4：在搜索结果页面中，选择“🔍传图识字”（图4－4）。

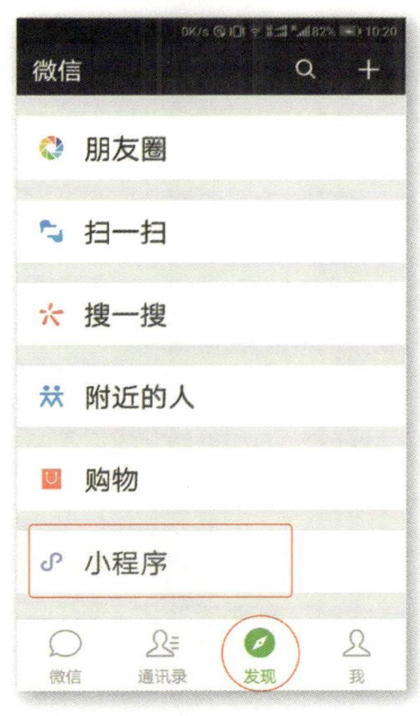

图4－1 微信发现页面

图4－2 小程序页面

步骤5： 进入“传图识字”首页面（图4—5），点击“拍照/选图”拍照/选图按钮打开手机图片库。

步骤6： 在手机图片库（图4—6）中，选择一张文字图片并点击上传。

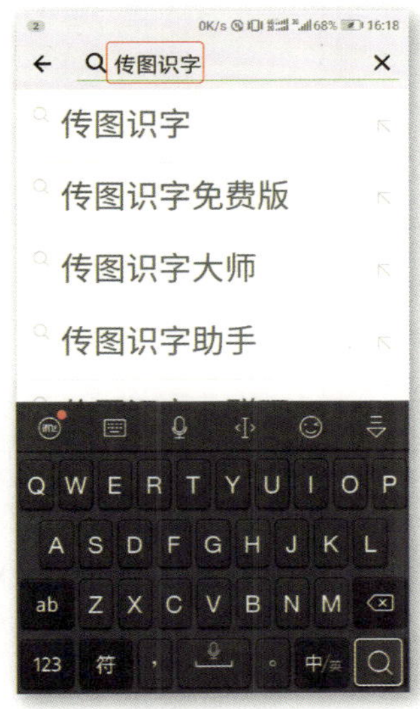

图4－3 搜索小程序

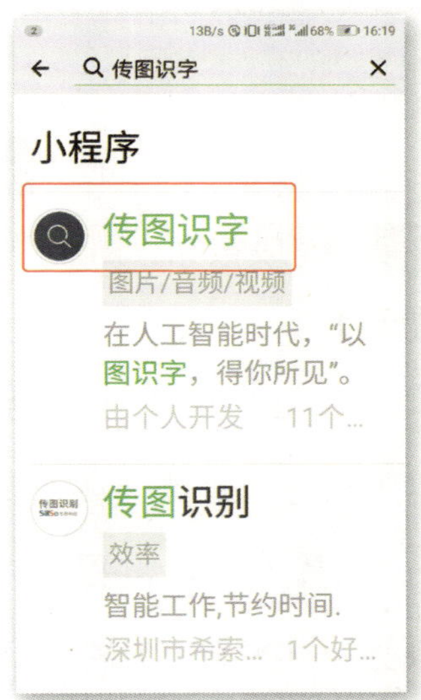

图4－4 选择“传图识字”

【小提示】

在手机图片库中，如果已存在文字照片，可直接点击照片上传、解析文字，也可以选择用手机相机另行拍摄照片。

图4－5“传图识字”首页

图4－6 手机图片库

步骤7：在打开的文字图片页面（图4—7）中，可以对照片进行编辑。

步骤8：点击图片下方的“”原图按钮，然后再点击右上角的“完成”完成按钮，开始上传图片（图4—8）。

【小提示】

在选择上传图片时,点击“原图”按钮,可以有效提升识别的准确率（但也因此需要更多的上传等待时间）。

步骤9：图片上传后，程序有个解析过程来识别图片中的文字，请耐心等待几分钟（图4—9）。

步骤10：完成上传后（图4—10），通过点击图片中的文字或段

为当好排头兵先行者凝心聚力

董云虎走访民主党派市委、市工商联及有关团体

本报讯（记者 张骏）昨天，市政协、市委统战部领导走访民主党派市委、市工商联及有关团体。市政协主席董云虎，市委常委、统战部部长施小琳参加。

董云虎一行先后来到民主党派大厦和工商联大厦，走访民革、民盟、民建、民进、农工党、致公党、九三学社、台盟市委和市工商联，向高小玫、陈群、周汉民、黄震、蔡威、张恩迪、赵雯、李君影、王志雄等民主党派市委、市工商联负责人及机关干部致以新春问候，感谢大家长期以来支持参加市政协各项履职活动，为上海经济社会发展和民主政治建设贡献智慧力量。

下转▶4版

图4－7 选择文字图片

图4－8 上传图片

图4－9 图片解析中

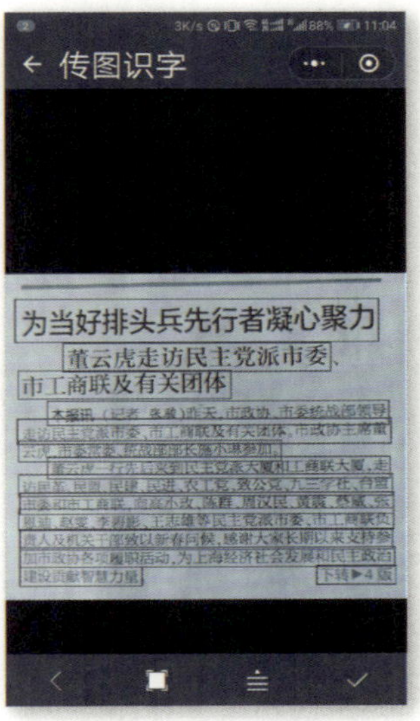

图4－10 图片上传完成

落，选取你需要进行相关操作的内容。

步骤11：选择图片中第2至第3行文字，在展开的阅读栏中可以浏览所选的文字（图4－11）。

步骤12： 如需要复制此内容，点击右下角的“ ”复制按钮，页面中显示“复制成功！”（图4—12）。

步骤13： 在微信通讯录中找自己，点击进入详细资料页面（图4—13）。

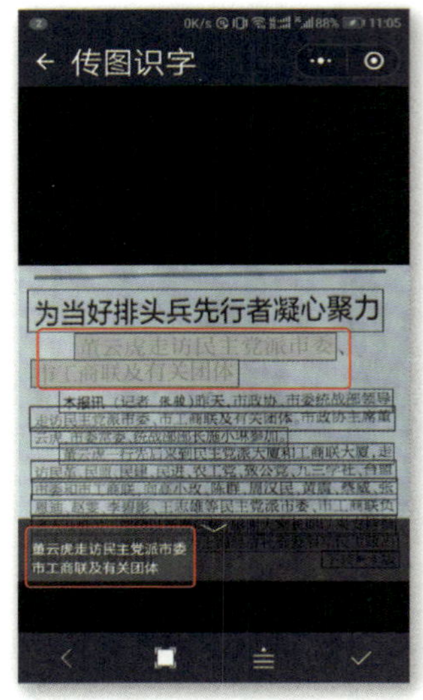

图4－11 选择复制内容

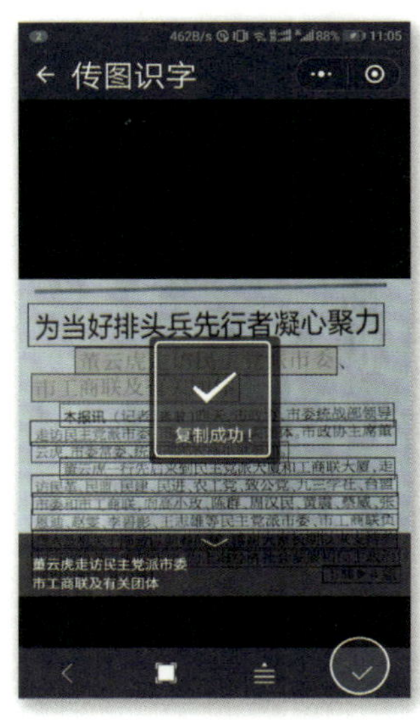

图4－12 复制成功

图4－13 本人详细资料页面

图4－14 粘贴复制的内容

步骤14： 点击“发消息”发消息按钮，进入聊天窗口（图4—14）。

步骤15： 长按输入框，点击弹出的“贴 ”粘贴按钮，完成粘贴。

【小提示】

打开任意一个聊天窗口，都可以粘贴所复制的内容。为避免打扰到其他微信好友，建议使用“本人”的微信窗口或者“文件传输助手”窗口。

（二）后续功能

文字识别完成后，可使用选词、分词、翻译等编辑功能。

步骤1： 浏览已完成图片文字识别的页面（图4—15）。

步骤2： 分别点击选择三段文字的标题，在展开的阅读栏中显示你选择的三个标题内容（图4—16）。

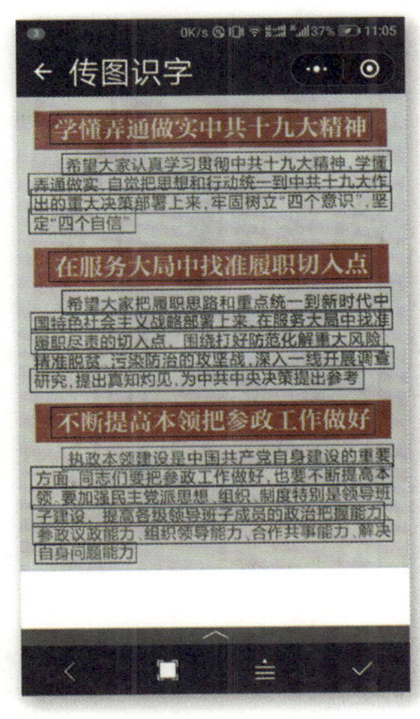

图4－15 完成图文识别

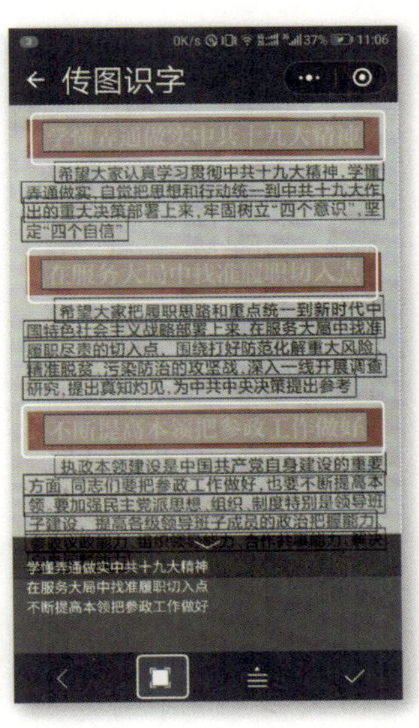

图4－16 选择文字标题

步骤3：点击文字下方的“ ”全选按钮，选择所有的标题和文字内容（图4—17）。

步骤4：点击下方中间的“ ”收起按钮，阅读栏的浏览窗口即被关闭（图4—18）。

步骤5：点击文字下方的“ ”全选按钮，解除全选的文字内容。

步骤6：点击第一行标题（图4—19），打开页面下方的“ ”选项菜单。

步骤7：选择“ ”文字翻译，在弹出的对话框（图4—20）中查看标题文字翻译结果。

步骤8：点击“复制译文”复制译文按钮，显示“ ”复制成功（图4—21）后，可前往聊天窗口粘贴。

步骤9：点击对话框左上角的“关闭”按钮，返回到前页（图4—19）。

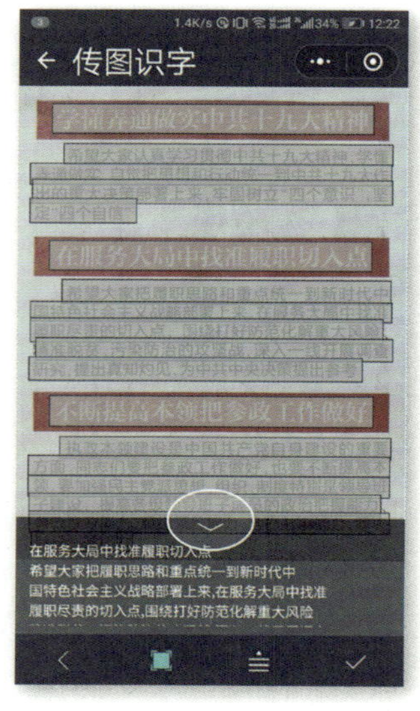

图4－17 选择全部内容

图4－18 关闭阅读栏

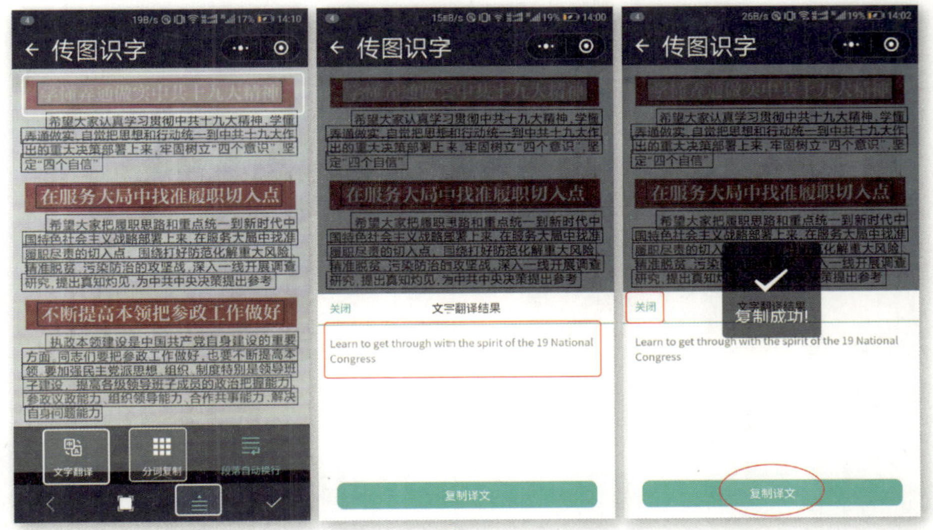

图4－19 选择文字翻译　　图4－20 文字翻译结果　　图4－21 成功复制译文

步骤10：选择“▦”分词复制。在分词复制页面，原标题已被拆分为10个分词（图4—22）。

步骤11：点击选择“中共”“十九”“大”三个分词（图4—23）。

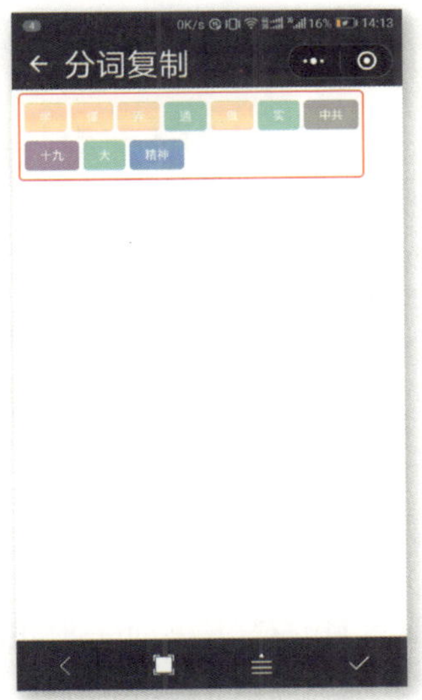

图4－22 标题拆分

图4－23 选择翻译分词

步骤12： 打开页面下方的“”选项菜单，点击“”文字翻译按钮。

图4－24 分词翻译结果

图4－25 复制分词

步骤13： 在弹出的对话框中查看分词文字翻译结果（图4—24）。

步骤14： 点击对话框左上角的“关闭”按钮，返回到前页。

步骤15： 点击页面右下方的“”复制按钮，页面中显示“复制成功！”，可前往聊天窗口粘贴（图4—25）。

二、位置

日常生活中我们经常会遇到下面这种情况，甲乙双方处在不同的地方，当需要相约时却表达不清楚具体方位，此刻如果你打开微信，使用聊天窗口中的位置功能，这个问题就迎刃而解了。

步骤1： 首先由甲方打开微信，进入乙方的聊天窗口（图4—26）。

步骤2： 点击右下角的“+”附件按钮，打开选项菜单（图4—27）。

图4－26 聊天窗口

图4－27 选项菜单

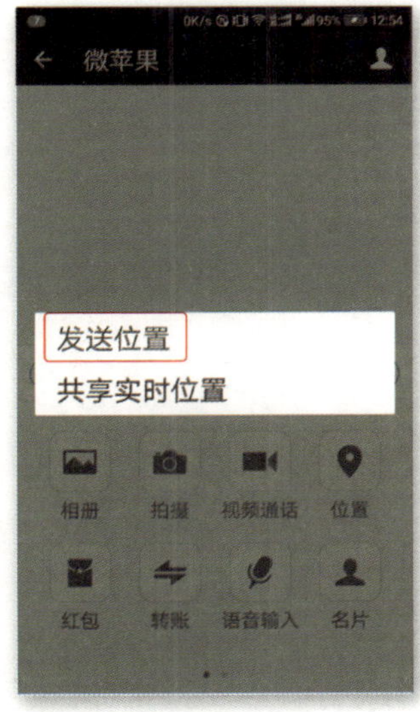

图4－28 选项对话框

图4－29 位置地图页面

步骤3： 点击菜单中的“ ”位置按钮，弹出对话框（图4—28）。

步骤4： 在对话框中选择“发送位置”进入位置地图页面（图4—29）。

【小提示】

位置地图是自动定位的，页面的下方有地图显示区域内的相关单位和地址的信息栏。如果地图上标注的定位点不够准确，或不是所需要的点，则可以通过移动手机屏幕上的地图来调整当前的位置，移动地图的同时，地图下方的地址等信息也会随之发生变化。

步骤5： 选择地图上的定位点之后，在下方信息栏对应的地址信息后点击“ ”选点按钮，确定位置。

步骤6： 点击页面右上角的“发送”发送按钮，向乙方发送甲方所在的位置信息（图4—30）。

图4－30 发送位置信息

图4－31 收到位置信息

【小提示】

以上描述的是甲方向乙方发送位置信息的步骤。而以下部分将是乙方在收到位置信息后的操作步骤。鉴于具体实施中取决于甲乙双方谁是主动的一方，所以后半部分的操作步骤，亦可视为甲方在收到乙方位置信息后的操作。

步骤7：收到对方发来的位置地图信息（图4—31）。

步骤8：点击打开地图，进入位置详细信息页面（图4—32），这里显示了位置的名称和地址以及位置在地图上的对应点。

步骤9：点击右下角的“ ”地图调用按钮，选择导航图景（图4—33）。

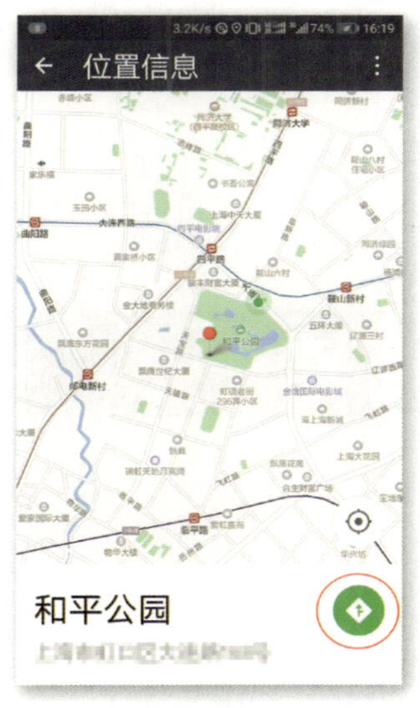

图4－32 对方的位置

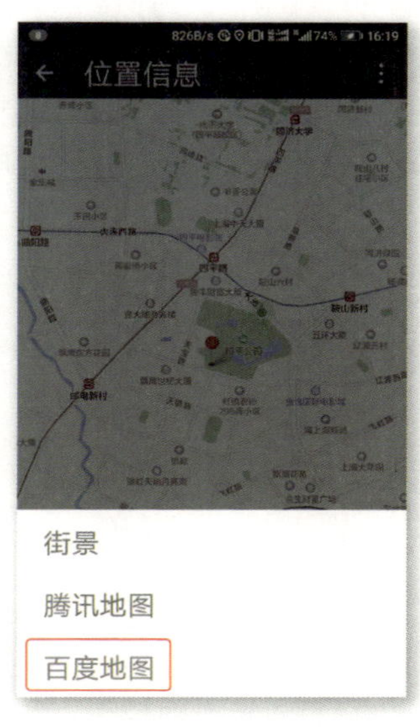

图4－33 选择导航图

步骤10：选择“百度地图”选项，进入默认导航页面（图4—34）。

图4－34 驾车导航图

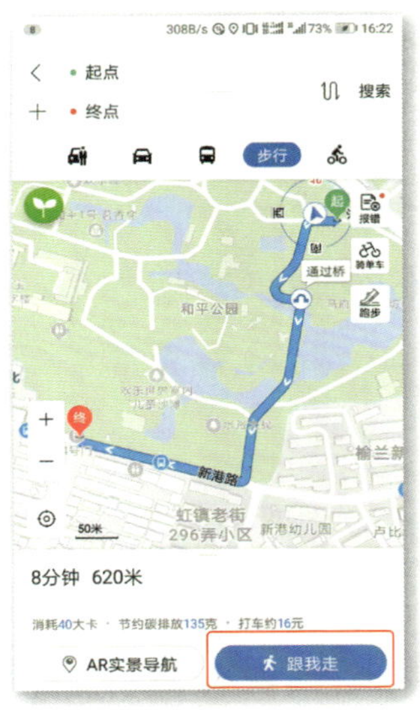

图4－35 步行导航图

步骤11： 点击“ ”步行按钮，生成步行导航路线（图4—35）。查看页面了解各项信息。

步骤12： 点击“ 跟我走 ”跟我走按钮开始导航（图4—36）。

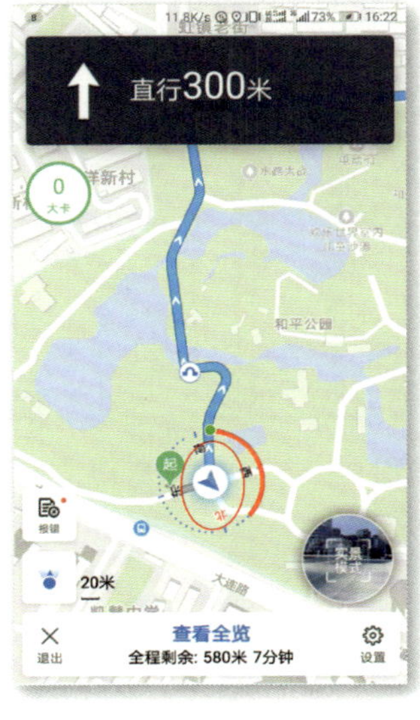

图4－36 开始导航

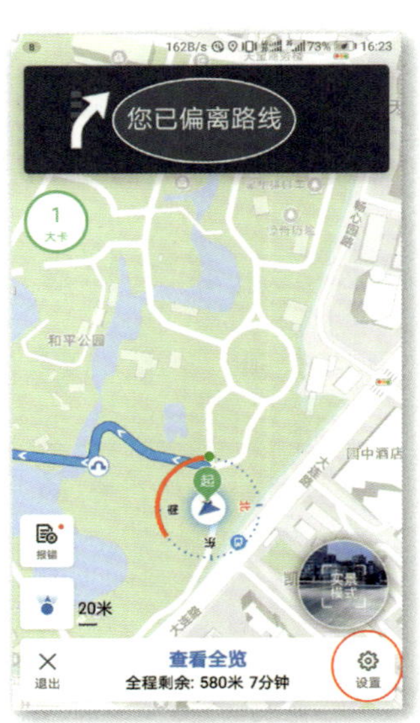

图4－37 偏离路线提示

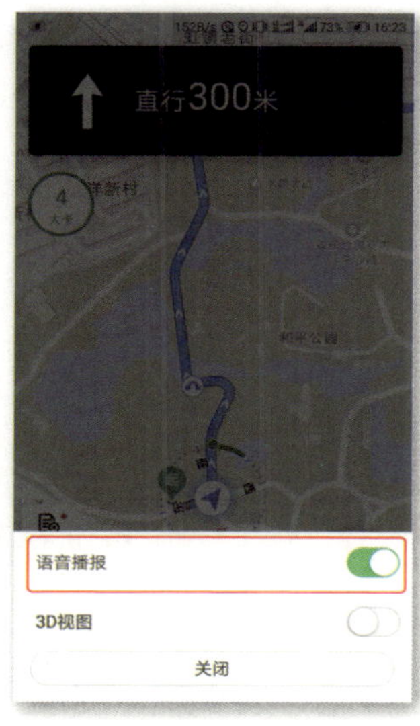

图4－38 打开语音播报

图4－39 导航提示

图4－40 到达目的地

图4－41 完整步行轨迹

步骤13：按页面上方提示直行300米，因箭头所指方向不对偏离了路线（图4—37）。

步骤14：此时可以点击页面右下角的“⚙”设置按钮，借助于语音播报（图4—38）。

步骤15：途中会有文字导向提醒（图4—39）和语音播报为你导航。

步骤16：最后页面提示到达目的地，自动停止导航（图4—40）。

步骤17：结束页面显示本次步行的整个路线轨迹（图4—41）。

【小提示】

从以上的地图截图画面中可以看到，开启导航默认的驾车路线920米，改选为步行路线后约为620米，又经过开始阶段借助于语音提示的导航调整了路线，最后的实际行走距离约为358米。在不规则的路段内行走，导航路线会出现一些偏差，在这个过程中它在不断地修正路线、合理地进行调整，最终的目的地设置是固定的，所以不必担心结果。

如果你和你的朋友在室外（街上、景点、旅游途中等）走散了。双方都不清楚自己的位置，你可以点击菜单中的位置按钮，在弹出的对话框（图4—28）中选择“共享实时位置”。对方在

图4－42 共享实时位置界面

对话框中能看到你发起了位置共享，确定加入后，双方就都能看到两人在地图上的实时位置了（图4-42）。你们只要按照地图的指引路线就能走到一起了。你们在走动中，地图会实时反映你们的移动路线。万一发现自己走反了、走错了，两人距离越来越远了，可以立即纠正。

第五章　每日优鲜

“每日优鲜”于2014年11月正式成立，是一个围绕老百姓餐桌的生鲜O2O电商平台，腾讯投资成员企业。它覆盖了水果蔬菜、海鲜肉禽、牛奶零食等全品类，在主要城市建立起“城市分选中心+社区配送中心”的极速达冷链物流体系，为用户提供全球生鲜产品“2小时送货上门”的极速达冷链配送服务。

一、安装与登录

使用“每日优鲜”需要先下载安装App，登录后才能进入。

步骤1：用手机扫描二维码（图5－1），显示“每日优鲜”页面。

图5－1　扫描二维码

图5－2　下载“每日优鲜”

图5－3　任务下载中

步骤2：在页面（图5—2）中点击“腾讯应用宝完全下载”按钮，进入到下载任务页面（图5—3），显示正在下载中的任务。

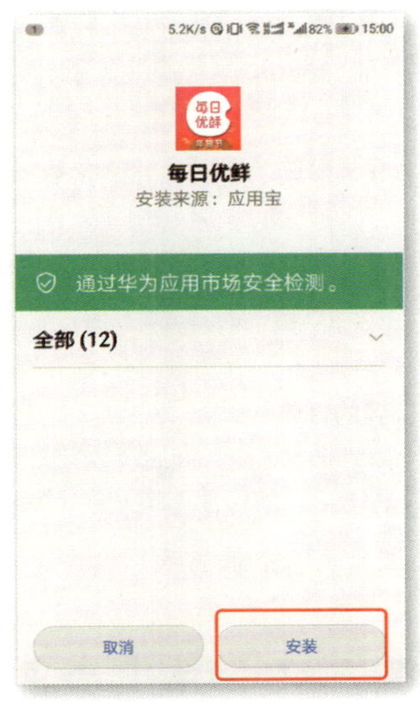

图5－4 安装“每日优鲜”

图5－5 完成安装

步骤3：下载完成后点击（图5—4）页面下方的“安装”按钮，开始安装。

步骤4：完成安装后点击（图5—5）页面下方的“打开”按钮，进入“每日优鲜”首页面。

步骤5：在首页面（图5—6）的右下方，点击“我的”按钮，进入到登录首页面。

步骤6：在登录首页面（图5—7）中，点击上方中间的“登录”按钮。

【小提示】

登录方式有两种，微信号登录或手机号登录。两种方式可任

图5－6“每日优鲜”首页

图5－7 登录首页

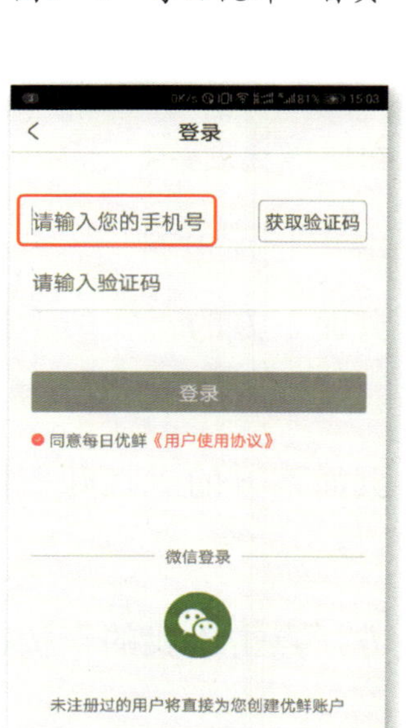

图5－8 登录选择页

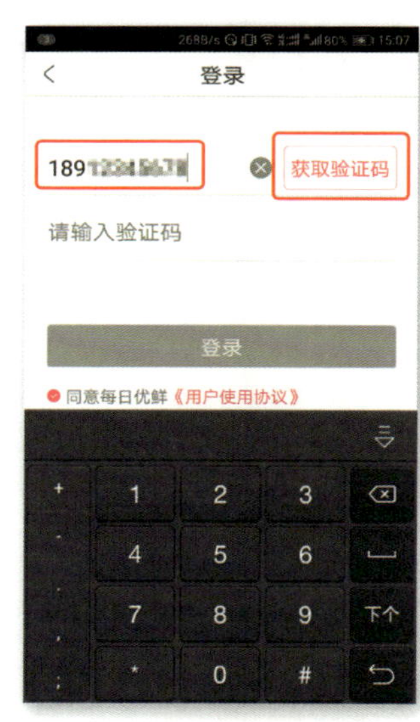

图5－9 登录信息页

意选取一种登录，两种登录的详细页面见以下步骤介绍。

步骤7：在登录选择页面（图5－8）中，轻点“请输入你的手机号”处。

步骤8： 在登录信息页面（图5—9）中，输入你的手机号码，点击右边的“获取验证码”按钮。

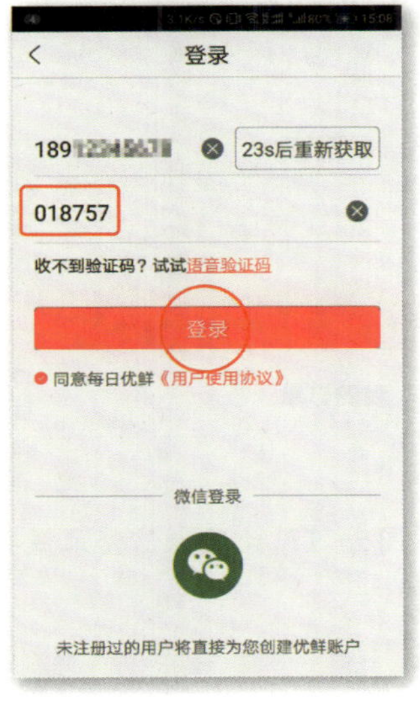

图5－10 输入验证码

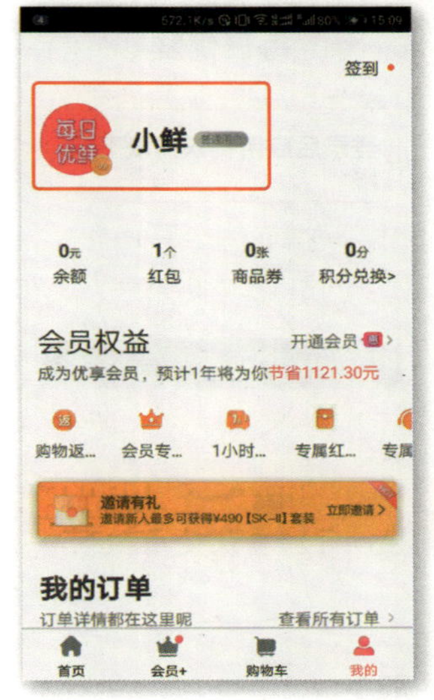

图5－11 用手机号登录成功

步骤9： 等待接收短信验证码，同样轻点“请输入验证码”处，弹出键盘框后，输入收到的验证码（图5—10）。

步骤10： 点击“登录”按钮，登录成功进入个人信息页面（图5—11）。

步骤11： 如果选用微信登录，则在图5—8所示的“登录选择页面”中点击下方的“”微信图标。

步骤12： 在图5—12中，“每日优鲜”告知其将在你微信登录后所获得的权限。

步骤13： 点击“确认登录”按钮，成功登录到个人信息页面（图5—13）。

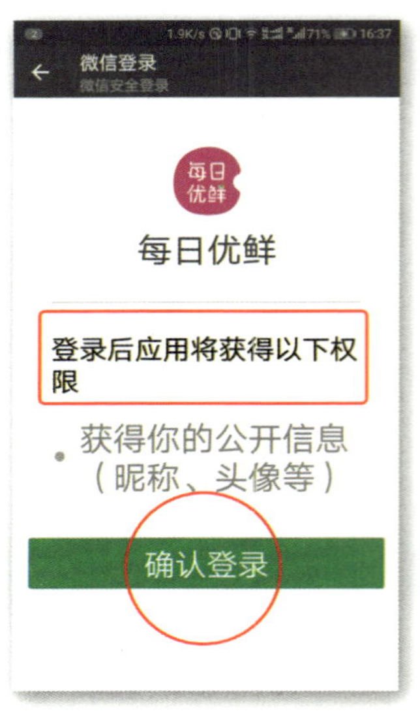

图5－12 确认使用微信登录

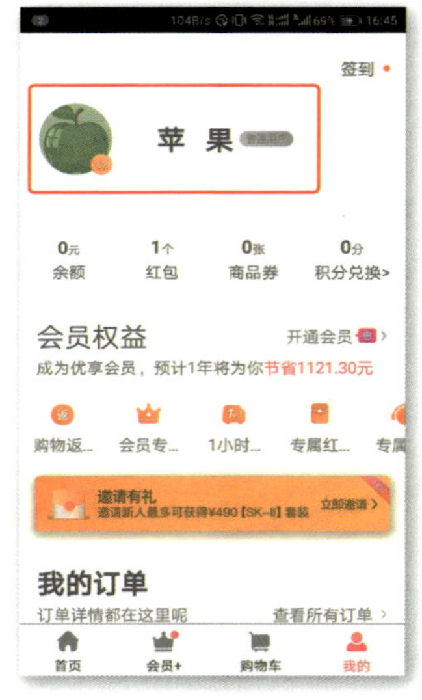

图5－13 使用微信登录成功

【小提示】

从两种登录方式的结果页面可以看出不同之处。手机号登录成功，页面上方的头像是“每日优鲜”标志，昵称统一默认为“小鲜”（图5—11）；微信号登录成功，页面上方的头像、昵称则与你的微信号一致（图5—13）。

二、设置收货信息

预先设置收货信息，方便你购物付款，提高你在整个操作过程中的流畅度。你可以设置多个收货地址，在下单时到“我的地址”中选择使用。

步骤1： 在“我的”主页，往上方移动页面，在页面下方找到“我的地址”（图5－14）并点击。

步骤2： 我的收货地址目前还是空的（图5－15），点击“新增收货地址”按钮。

步骤3：在收货地址页面（图5—16）中，默认定位城市为上海，输入收货人姓名、配送员联系你的手机号码。

步骤4：在地址“小区/写字楼”一栏（图5—17）中，输入你的收货地址。当你开启了位置信息时，也可以点击输入框，在弹出

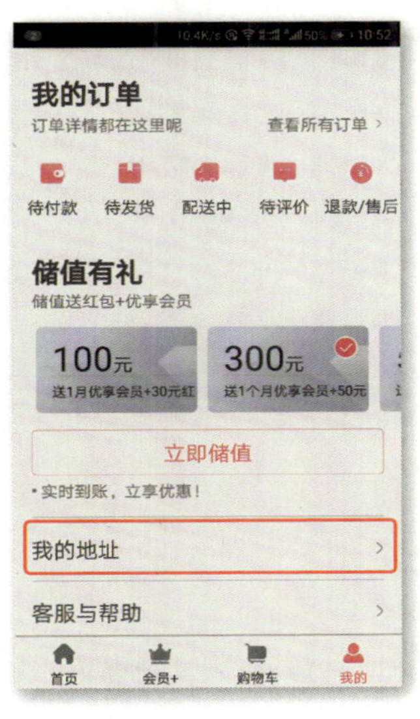

图5－14 找到“我的地址”

图5－15 新增收货地址

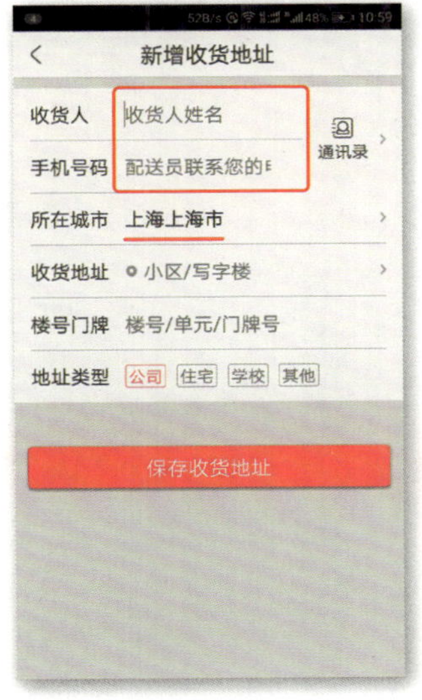

图5－16 输入收货人信息

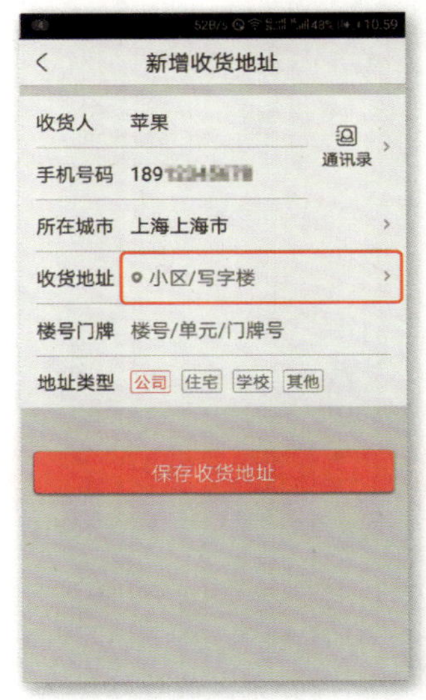

图5－17 地址输入方式

的地图及下面的信息中寻找你的地址位置。

步骤5：点击地图下方你的位置地址（图5－18）。

步骤6：继续完成楼号门牌的输入，并选择地址类型，最后点击“保存收货地址”（图5－19）。

图5－18 选择地址位置

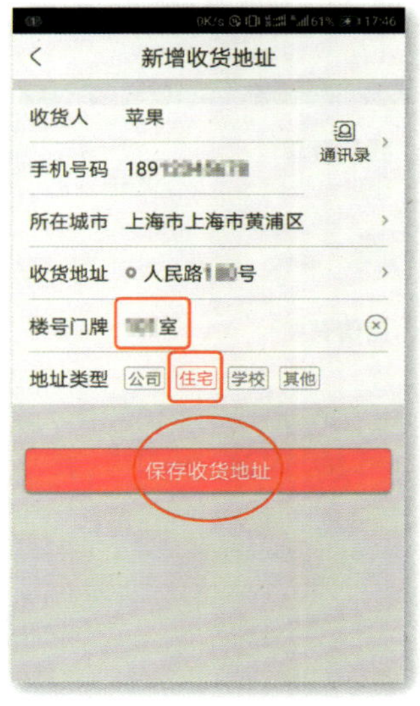

图5－19 输入其他信息

图5－20 完成收货信息

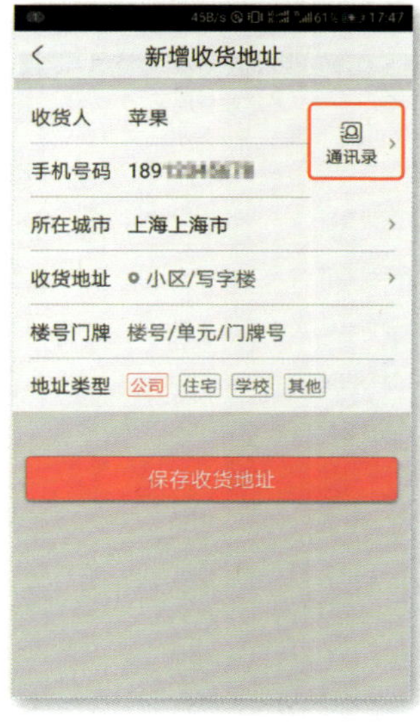

图5－21 快速导入收货人信息

步骤7：这样，一条完整的收货地址信息就添加完成了（图5—20）。

步骤8：点击下方的"新增收货地址"按钮，可以继续设置其他收货人的地址信息。

步骤9：在新增收货地址页面（图5—21），点击右上方的"通讯录"按钮，直接打开手机通讯录，选择收货人，点击姓名及手机号码即快速导入到页面中，其他信息按以上步骤完成。

【小提示】

其他收货人信息之后的操作中会有显示，具体步骤这里不重复介绍了。

三、购物付款与送货

"每日优鲜"在主要城市建立的"城市分选中心+社区配送中心"极速达冷链配送体系，为用户提供"2小时送货上门"的服务。

某些城市支持会员1小时到达，因各地区商品和配送服务不同，请你选择准确的收货地址，具体将依据详细地址自动完成匹配。

至于加入会员的各种优惠措施及促销信息等不作推荐，由使用人自愿选择。在这里我们只介绍常规的使用方法。

步骤1：打开"每日优鲜"首页（图5—22），上方显示次日到达北京市。

步骤2：点击"北京市"进入地址页面，选择第一个收货地址（图5—23）。

图5－22 “每日优鲜”首页

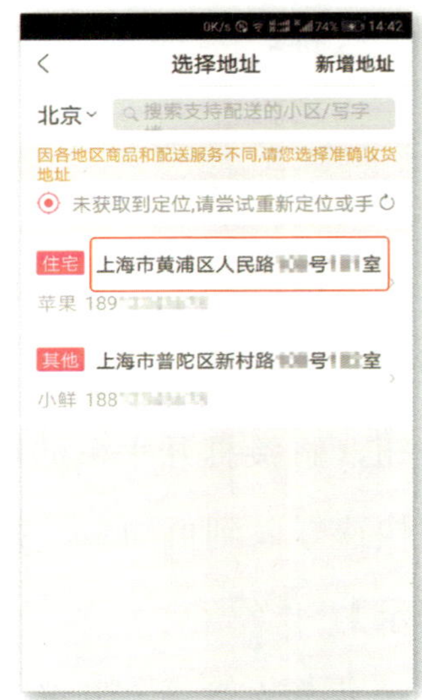

图5－23 选择地址

图5－24 已选择收货地址

图5－25 寻找分类商品

步骤3：在返回的页面上可以看到选择的地址（图5—24）。

步骤4：左右移动地址下的导航条（图5—25），浏览商品大类，选择“零食”类商品。

步骤5：你亦可点击导航条右边的“■”更多按钮，打开全部品类页面选择商品大类（图5—26）。

步骤6：每个商品大类下分别设有一个小分类导航条（图5—27），让你能集中而快速地找到需要的商品。当然你也可以上下移动页面来浏览寻找商品。

图5-26 全部商品分类

图5-27 快速寻找商品

步骤7：选择点击第三件商品进入“商品详情”页面（图5—28），如果你加入了会员，则请注意浏览上面的优惠信息。

步骤8：上下移动页面，了解更多与该商品有关的信息。如你决定购买可以先点击“加入购物车”，保存商品（图5—29）。

步骤9：点击返回按钮，回到首页，选择“购物车”（图5—30）。

步骤10：查看购物车现状（图5—31）。你的地址可以享受2小时到达，运费10元，实付满39元包邮。

图5－28 优惠信息

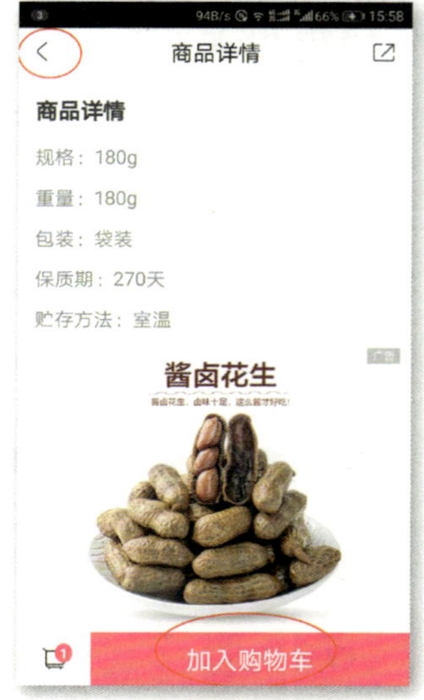

图5－29 加入购物车

图5－30 进入购物车

图5－31 查看购物车

步骤11：选择进入首页，我们再去给购物车加点商品，这样可以享受包邮。

图5－32 继续加入购物车

图5－33 再次查看购物车

步骤12：如果你不需要了解商品详情，就直接点击第一件商品下方的“”加入购物车（图5—32）。

步骤13：选择“购物车”，再次查看购物车现状（图5—33）。

图5－34 增加商品数量　图5－35 核实订单信息　图5－36 选择支付方式

显然还没有达到包邮金额，你可以通过数量左右的“ ”按钮，来调整商品的购买量。

步骤14：我们将两个商品都增加一份（图5－34），这样就满足了包邮条件。

步骤15：提交订单前再核实一下信息，可以查看所购的商品，同时还能对收货地址进行最后的更换或编辑（图5－35），货物送达的时间是与你收货地址所匹配的。

步骤16：信息无误后点击“去支付”按钮，进入到支付页面（图5－36）。有两种支付方式，微信和支付宝，在后面的圆圈内为选择的一种支付方式打钩“ ”，最后再次点击“去支付”按钮完成本次购物。

图5－37 产地介绍　　图5－38 烹饪推荐　　图 5－39 检测报告

【小提示】

在浏览选择商品时，商品详情及安心保障一栏为你提供了丰富的内容。特别是蔬菜、肉蛋类等，既有产地介绍（图5—37），又有烹饪推荐（图5—38），一些商品还出示了检测报告（图5—39），是你采购的好参谋。

由于各种商品多样化的页面，不能按上述步骤的方法一一介绍，此部分内容可自由选阅。

第六章 喜马拉雅

说起喜马拉雅，我们首先想到就是位于青藏高原南巅的海拔最高的山脉，终年被白雪覆盖，代表着“高”和“纯”。这里要介绍的一个应用程序也叫“喜马拉雅”。

喜马拉雅是一个电台。你可以关注感兴趣的“个人电台”，只听自己想听的。无论新闻资讯、电视电台节目、音乐mp3、有声小说、英语、相声、评书，还是财经股票、教育培训、健康养生、社科人文、儿童故事，这世界有声的一切，喜马拉雅应有尽有。

你还可以轻松创建一个专属于自己的个人电台，随时分享好声音，不断积累粉丝，并始终和他们连在一起。你听所爱的内容，你在不断被充实，别人也在听你，你也充实了别人。没有无休止的广告，有的只是丰富、有趣的内容。

我们可以通过各大应用市场或使用手机浏览器直接输入网址（http://www.ximalaya.com/），通过“喜马拉雅”的官网下载并安装。

一、注册

步骤1：点击“喜马拉雅”图标，打开“喜马拉雅”应用程序

（图6-1）。

步骤2：点击右下角“未登录”，进入“登录”界面1（图6-2）。

图6-1　“喜马拉雅”主界面

图6-2　登录界面1

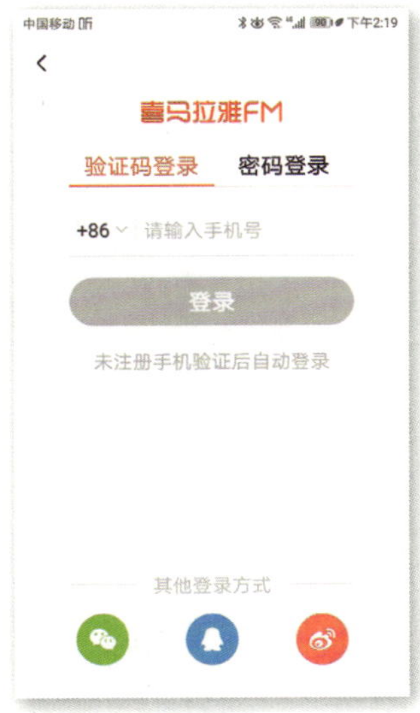

图6-3　登录界面2

图6-4　登录界面3

步骤3：点击界面上方的“点击登录”，进入“登录”界面2（图6-3）。

步骤4：点击界面下方“其他登录方式”中的微信图标，进入“登录”界面3（图6-4）。

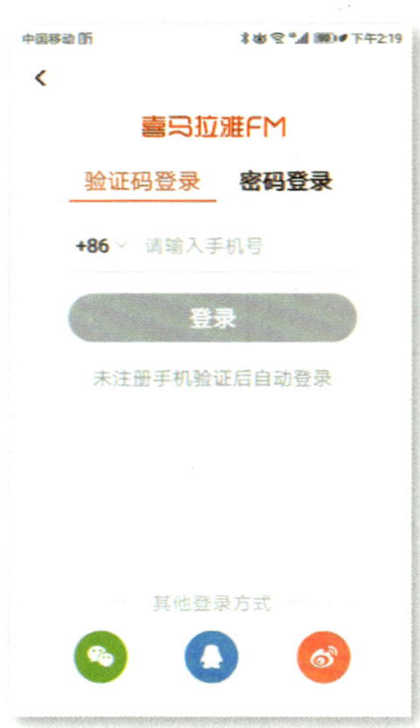

图6-5 登录界面4

图6-6 完成登录

步骤5：点击“确认登录”，进入“登录”界面4（图6-5）。

步骤6：输入你的手机号，点击“获取验证码”。

步骤7：收到验证码短信后，输入6位验证码，点击“登录”，完成登录（图6-6，原界面右下方的“未登录”已变为“我的”）。

【小提示】

“喜马拉雅”里面可供收听的内容很多，分类如下：

• 书籍类：小说（言情、悬疑、都市）、畅销书（社科、经

管、文学）、儿童（故事、卡通、儿歌）

• 娱乐类：音乐、相声评书、段子、情感生活、娱乐、影视、头条、二次元、戏曲

• 知识类：历史、商业财经、人文、英语、教育培训、IT科技、诗歌、国学书院、小语种

• 生活类：旅游、健康养生、时尚生活

• 特色类：付费精品、广播剧、粤语、法律课堂、电台、党团课、品牌之声、3D体验馆、“名校公开”、“听上海”、直播、汽车

二、听讲书

步骤1：在“喜马拉雅”应用程序主界面点击界面上方的“推荐”，再点击界面中间的“经典必听”，进入“经典必听”界面（图6-7）。

图6-7 “经典必听”界面

图6-8 “专辑详情”界面

图6-9 高晓松说书节目目录

图6-10 说书播放界面

步骤2： 在“免费榜”中，点击排名第一的“晓说2018”，进入“专辑详情”界面（图6-8）。

步骤3： 向上推送屏幕，可查看高晓松录制的所有的说书节目目录（图6-9）。

步骤4： 点击你想收听的节目，进入节目播放界面。听！高晓松又开始高谈阔论了（图6-10）。

三、听特色讲书

步骤1： 在“喜马拉雅”应用程序主界面点击界面上方的“分类”，向上推送屏幕，再点击“特色”栏目下的“听上海”，进入“听上海”界面（图6-11）。

步骤2： 点击“魔都新声”，进入“听单详情”界面（图6-12）。

步骤3：点击“【沪语搞笑】平纪嘎讪‘沪’”，进入“专辑详情”界面（图6-13）。

步骤4：点击“平纪嘎讪‘沪’（第一期）”，进入播放界面。几秒钟后，平纪就开始用沪语与你聊天了（图6-14）。

图6-11 “听上海”界面

图6-12 “听单详情”界面

图6-13 “专辑详情”界面

图6-14 播放界面

四、听粤语讲书

步骤1： 如果你是一个广东人，或者是一位粤语爱好者，那么，在“喜马拉雅”你可以听到很多很有趣的粤语节目。而如果你想学习粤语，更可以在“学粤语”中收获满满。返回“喜马拉雅”应用程序的“特色”栏目，点击其中的“粤语”，进入“粤语”频道（图6-15）。

图6-15　“粤语”频道界面

图6-16　粤语讲书界面

步骤2： 点击界面上方的“听古仔”（听故事），进入粤语讲书的界面（图6-16）

步骤3： 点击“三国演义（粤语高清）”，进入“专辑详情”界面（图6-17）。

步骤4： 点击“三国演义粤语001”，开始播放（图6-18）。

图6-17 “专辑详情”界面

图6-18 播放界面

第七章 全民K歌

天生爱唱歌的你极度渴望开嗓，奈何五音不全，去KTV跑调的歌声会被朋友“禁麦”，立志要练好歌喉，期望再去KTV展示一回。理想很丰满，现实很骨感，单独去KTV开包间练歌太贵，买套家用卡拉OK设备又会吵到邻居，你需要的正是一款能够助你快速提升唱功的K歌软件。

“全民K歌”是一款由腾讯公司出品的K歌软件，具有智能打分、专业混音、好友擂台、趣味互动以及社交分享功能，目前在广大网友尤其是中老年网友中广受欢迎。

我们可以通过各大应用市场或使用手机浏览器直接输入网址（http://kg.qq.com/），通过“全民K歌”的官网下载并安装。

一、了解“全民K歌”

步骤1：点击“全民K歌”图标，打开“全民K歌”应用程序（图7-1）。

步骤2：点击“微信登录”按钮，进入主界面（图7-2）。界面上方有 “关注”“好友”“热门”“附近”4个标签。在关注页面中，顶端会显示好友圈的擂主，即收听及评论最多的一名好友。下方会显示当前平台的热门活动，以及推荐的用户，下方会有最新的好友上传歌曲。

图7-1　“全民K歌”未登录界面

图7-2　“全民K歌”主界面

步骤3： 点击“好友”标签，进入“好友”页面，显示好友上传的歌曲（图7-3）。

图7-3　“好友”页面

图7-4　“热门”页面

步骤4：点击“热门”标签，进入“热门”页面，显示平台中点击量较高的一些热门用户及作品（图7-4）。

步骤5：点击“附近”标签，进入“附近”页面，显示当前地点附近的一些活跃用户信息（图7-5）。

图7-5 “附近”页面

图7-6 当前播放列表

图7-7 历史播放列表

图7-8 我发布的歌曲

步骤6：点击主页右上角 按钮，进入播放器界面，界面上方有“当前”“历史”“我的”3个标签。点击“当前”标签，可查看当前播放列表（图7-6）。

步骤7：点击“历史”标签，可查看历史播放列表（图7-7）

步骤8：点击“我的”标签，可查看我发布的歌曲（图7-8）。

步骤9：返回主界面，点击屏幕下方的“消息”按钮，进入消息界面，上方有“私信”“最近听众”“收到礼物”“系统消息”4个标签，下方显示已关注的用户评论（图7-9）。

图7-9 “消息”界面

图7-10 “私信”界面

步骤10：点击“私信”标签，进入“私信”界面，可查看用户之间的私信消息（图7-10）。

步骤11：点击“最近听众”标签，进入“最近听众”界面，可查看近期来访的用户列表及时间（图7-11）。

图7-11 “最近听众”界面　图7-12 “礼物消息”界面　图7-13 “系统消息”界面

步骤12：点击“礼物消息”标签，进入“礼物消息”界面，可查看其他用户赠予的礼物（图7-12）。

步骤13：点击“系统消息”标签，进入“系统消息”界面，可查看系统通知（图7-13）。

【小提示】

1. “全民K歌”还有许多特色的玩法：

• 海量伴奏：高品质曲库涵盖新歌热歌。

• 合唱：随时邀请好友合唱，支持与明星合唱，在这里和天南地北的好友唱同一首歌。

• K歌直播：观看你喜欢的“主唱”唱歌，和他（她）互动。

• 大赛：K歌不定期都会举办各种主题性比赛。你参赛了，既可评估一下你的水平，又可以歌交友。

• 说变唱：全新炫酷鬼畜玩法，随便说点啥，一键变成歌。

• 好友擂台：K歌欢唱比分争擂主，强者喜欢的交流。

• 上传伴奏：即传即唱，PC上传，手机立即可唱。

• 自建歌单：收录喜欢的作品，发现有趣的歌单。

• 礼物PK：直播互动我做主，让互动更有趣。

• 在线歌房：与好友一起实时欢唱。

• 明星主页：在这里了解你的偶像，特别的主页给特别的人。

2.提升攻略

• 智能打分，多唱多练：动听的歌声是快速升级的前提，多用全民K歌来练练歌吧。

• 好歌配好图：给作品配上好看的封面吸引更多人来看你的作品。

• 让好友来加油：多发表作品并分享给好友，让好友都来给你加油。

• 积极互动：积极和好友、粉丝互动，争取大家的支持。

全民K歌等级可以通过以上的方法来提升，并没有更多捷径，所以想要快速升级就多来全民k歌唱歌吧！你的作品多了，试听你歌曲的人多了，你的等级自然就会提升了。

二、听好友“K歌”

相信你还是有不少好友平时喜欢唱唱歌的。去看看，都有谁？上传了哪些歌？唱得如何？平时喜欢吹嘘自己的唱功的，究竟如何？是不是说得比唱得好？

步骤1：返回主界面，点击上方的“好友”，你可看到你好多的微信好友之前上传的他们自己演唱的歌曲。点击其中一个微信好友的歌曲，你立即可以听到他（她）那声情并茂（或充满激情）的动人歌声（图7-14）。

图7-14 微信好友的歌曲作品

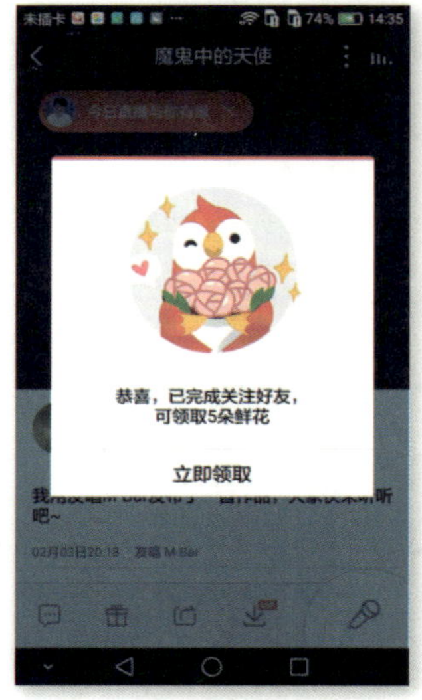

图7-15 设为“关注好友”

步骤2：如果你非常喜欢他（她）的歌声，可点击屏幕右侧的 ，设置为你的关注好友（图7-15）。

步骤3：返回好友歌曲列表界面，还可对该好友的作品有更多的了解：何时上传的、有多少人收听了、有几条评论、有几个人送礼了（K币）（图7-16）。

步骤4：你可以点击“评论”查看别人的评语（图7-17），也可以给他（她）送礼、评论或转发。你甚至可以点击“打擂”，与他（她）来一个PK。

图7-16　对作品做更多的了解和操作

图7-17　查看别人对该歌曲的评论

三、唱歌

你是否特别喜欢某一首歌？你是否突然喜欢上了一首歌？喜欢就唱！不管你是金嗓子，还是公鸭嗓子，放开喉咙尽情地唱！

图7-18　“搜索”界面

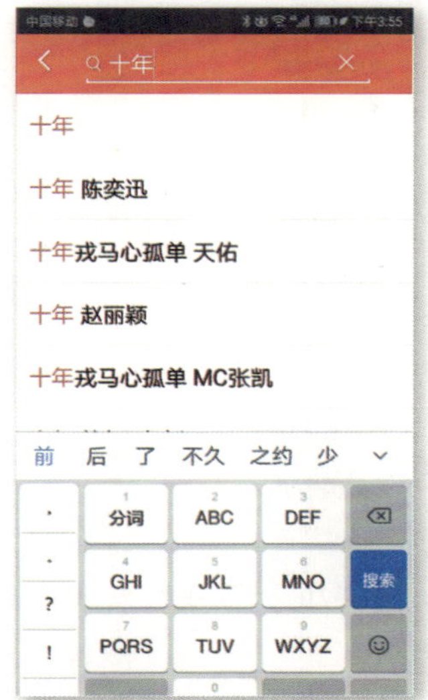

图7-19　搜索结果

步骤1： 点击主页下方“麦克风”图标，进入“点歌”界面（图7-18）。

步骤2： 在搜索栏中输入歌名（或关键词），下方即刻显示相关的歌曲（图7-19）。

【小提示】

·在点歌界面中，也可以点击“歌手”或者“分类”按钮来搜索点歌，“歌手”选单可按照地方及男女性别来筛选歌手（图7-20）。“分类”选单可按照歌曲出处及类别来筛选（图7-21）。

·在点歌界面下方，系统会列举一些热门榜单，供用户点选一些当前的热门歌曲。

中国移动 下午3:56
歌手选曲
全部歌手
内地男歌手
内地女歌手
内地乐队/组合
港台男歌手
港台女歌手
港台乐队/组合
日韩男歌手
日韩女歌手
日韩乐队/组合
欧美男歌手
欧美女歌手

图7-20 “歌手”点歌界面

图7-21 “分类”点歌界面

步骤3： 点击某位歌星及其歌曲，进入该歌详细信息列表界面

图7-22 歌曲详细信息列表

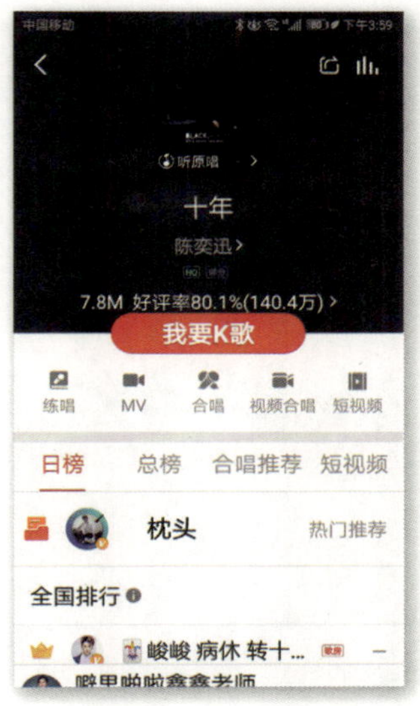

图7-23 准备播放界面

（图7-22）。

步骤4：在搜索栏下方，点击“伴奏”标签，在列表中挑选你中意的伴奏曲，进入准备播放界面（图7-23）。

步骤5：点击“我要K歌”，进入唱歌界面，并开始录制。你可以进入角色开唱了！

【小提示】

· 如果是第一次点的歌，系统需下载伴奏（图7-24）。

· 演唱时，可选择跳过前奏，下方有“原唱”“升降调”“重唱”“提前结束”等功能按钮，如果音准与原唱一致，上方白色横条会变成红色（图7-25）。

• 演唱完成后，系统会根据演唱情况给予打分（图7-26），你可以对伴奏效果给予点评（图7-27）。

• 演唱完成后，可通过调音台来调整歌曲的音效、音色、均衡度等（图7-28至图7-30）。

图7-24 “加载歌曲”界面

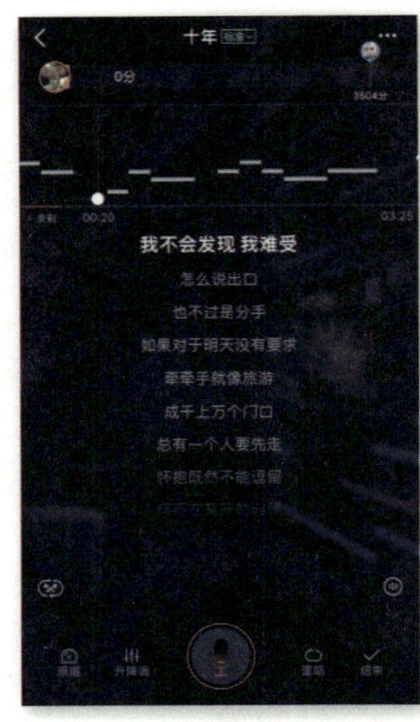

图7-25 “唱歌”界面

图7-26 “打分”界面

图7-27 “点评”界面

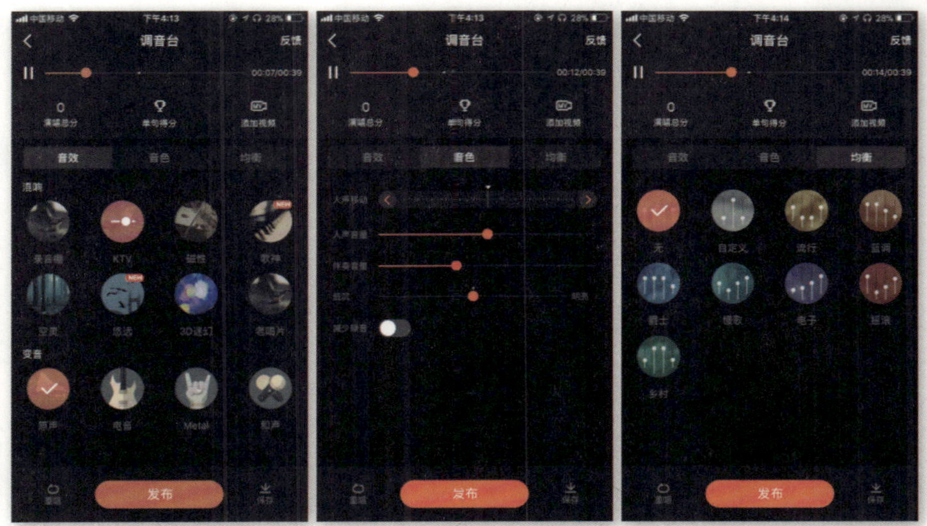

图7-28 “歌手”界面　　图7-29 “分类”界面　　图7-30 “分类”界面

步骤6：调整完成后，点击“发布”即可。

步骤7：返回主界面，点击“我的”标签，分别点击“伴奏”或“录音”，可查看已经下载的伴奏以及保存的录音等（图7-31）。

图7-31 “录音”文件界面

图书在版编目（CIP）数据

老年人学APP软件应用. 四 / 上海市老年教育普及教材编写委员会编. — 上海:上海教育出版社, 2019.3
ISBN 978-7-5444-9008-5

Ⅰ. ①老… Ⅱ. ①上… Ⅲ. ①移动电话机－应用软件－老年教育－教材 Ⅳ. ①TN929.53

中国版本图书馆CIP数据核字(2019)第056168号

责任编辑　公雯雯
封面设计　周　吉

老年人学APP软件应用（四）
上海市老年教育普及教材编写委员会　编

出版发行　上海教育出版社有限公司
官　　网　www.seph.com.cn
地　　址　上海市永福路123号
邮　　编　200031
印　　刷　上海展强印刷有限公司
开　　本　720×1000　1/16　印张 7.5
字　　数　80千字
版　　次　2019年6月第1版
印　　次　2019年6月第1次印刷
书　　号　ISBN 978-7-5444-9008-5/G·7454
定　　价　30.00 元

如发现质量问题，读者可向本社调换　电话：021-64377165